国际犬业组织权威认证犬种

世界名犬

标准与鉴赏

国内最为权威科学的名犬完全鉴赏指南

顾　问　德·盖特

主　编　王晓

陕西出版集团

陕西科学技术出版社

目 录

工作犬品种

㹴犬品种

非运动犬品种

牧畜犬品种

犬的起源与发展

驯化野狼 *狗成为人类真正的朋友*

狡猾的野狼臭名昭著，在走投无路或是遇到危险的时候就会变得格外凶恶。然而事实是无法改变的：狗是人类最老也最久的朋友，而狗的祖先正是这种传奇性的动物——野狼。

人类是如何改变野狼放荡不羁的自由作风，让现今的家犬如此可爱而忠心的？毫无疑问，饥饿是促使人狼关系改变的主要因素。今天我们看到饮食丰富的宠物狗依然四处觅食，不免觉得奇怪，殊不知这种行为源自它们的祖先。古时候一些较为勇敢的狼悄悄地潜近我们祖先的营火，试图找到一些残羹剩饭，由此便揭开了人狼共处这段悠久历史的序幕。

从南亚到北极苔原都属于野狼分布的范围，因此在人类尚未开始饲养之前，人与狼可能早已和平共存很久了。不过是不是人类主动想要驯化野狼则是未定之见。事实上，有些人认为是野狼自己愿意亲近人类，因此选择在靠近人类的地方定居。它们显然相当聪明，知道只要有人类的地方，必然找得到食物。甚至在人类开始完全负起饲养责任之前，一种似有似无的伙伴关系，至少是一种互相宽容的精神，必然早已存在，因为人与狼居住与狩猎的活动范围颇为接近。毫无疑问，相似的行为模式也助长了人狼之间的关系；人与狼都是社会性相当高的动物，两者都有阶级结构分明的族群或家庭，可以共同狩猎并分担养育下一代的责任。

图中两只郊狼互相挑战，它们毛发竖立，眼睛直瞪对方，嘴巴露出尖牙，这些都是战斗的前奏。家犬也有类似姿态，除非对方示弱，否则难免一场恶战。

没有人确切知道人与狼的第一次互动是什么时候。有科学家认为可能是在40000～100000年之前，因为至少要花这么久的时间，狗与狼才能发展出如今的基因差异。有些学者则认为是在12000～20000年之前。

人类为什么要饲养狼呢？原因可能很简单也很自然，就是人类希望有个伴。旧石器时代的人类可能猎杀了野狼，然后从洞穴里带回小狼加以饲养。这些半驯养的狼得以继续和人类一起生活，繁衍下一代，生出来的后代一代比一代更驯服。经过很长一段时间后，驯化的狼越来越习惯并喜欢和人类共同生活。尤其是嗥叫的狼，它们交配而产下的后代可以在夜晚发出有人入侵的嗥叫警讯，于是警卫犬就这么产生了。从某一时间，半驯养的狼开始陪伴人类从事狩猎活动，不久，人类想到采取主动选择育种的方式，来确立这种互利的关系。于是，不久之后，捕猎技术高强的品种必然会互相交配，产生的后代追踪技术非常厉害，从狼转变为狗的过程就是这样逐渐进行的。

选择育种　狗的品种丰富多样

狼在演化成狗之后体型变小了，这是驯养过程的典型现象，许多考古学家和人类学家相信这是慢性异化的结果。这种动物变得倚赖人类，荷尔蒙的质与量都改变了。另外有些科学家则指出人类在育种过程中选择育种的积极角色。有些特征是因人类喜爱而刻意制造的结果，例如体型小、性格活泼的品种。而有些特征则是为了永远留下受人喜爱的特征而无心造成的后果。化石证据显示，狗发展成今日各式各样的大小、体型、毛色，其间只花了几千年的时间。

今天的迷你玩赏犬种是自然演化与人类干预下的产物，有两种体型缩小的模式，一种是狗体内所有骨骼因比例缩小，如吉娃娃；另一种是矮小化，身体比例正常而四肢缩短，如上图的腊肠犬。

从最小的沙漠狐到最大的北方狼以及巨型家犬品种，犬科动物的大小与外形差异颇大，然而它们至少有一项特性是相同的：它们都是强健有力的奔跑高手。为了生存与繁殖，犬科动物必须强壮而动作迅速才能成功捕捉到猎物，而且还必须具有强而有力的上下颚和撕咬猎物的尖牙，才能填饱肚子。它们猎捕的环境范围相当广大，从原本栖息的草原到地球最远的角落都可见它们的踪迹。

在家犬方面，人类为了培育出具有各种特性的品种，选择性地配种培育家犬，犬的身体结构、各部特征都出现了各种变化，犬的个性也出现了一些差异。

人们为将打落的野鸟快速找回，而有意培育出了这种行动快捷、嗅觉敏锐的枪猎犬。

短腿的矮小家犬在野外绝不可能存活，却因为人类的干预而开始大量繁衍。此外，也有人将大型犬互相配种，结果则产生了巨型品种。有人为了便于牧羊，又培育出了各种聪明顺从的牧羊犬；有人为了让狗协助打猎，于是培育出各种嗅觉灵敏、行动快捷的猎兔、猎鸟、猎狐等猎犬，有的人为了好看，则培育出了一些外形独特的品种……

犬只训练　让犬能在各个领域帮助人们

狗是一种非常聪明的群居动物，它们天生想取悦于主人，渴望得到主人的赞赏，它乐于完成主人交给的任务。人们根据犬的这一天性，对犬进行训练，以帮助狗狗迎合人类的需要，更好地融入人类的社会生活之中，成为家庭中的一员。事实也证明：训练能教给犬一些纪律，能增进犬与主人的感情联系，一只训练有素的犬会比未受训练的犬更快乐、更安全。

自犬被人类驯养后，犬在人们的调教下，开始在各个领域帮助人类：在人类早期时候犬有的用作打

一只训练有素的导盲犬就像是盲人的眼睛，它能给盲人引导前进的路，更能照亮盲人黑暗的世界，给盲人带来生活的希望。

猎，有的用作放牧，有的用作警戒。年复一年，犬所做的事情越来越多，犬还在雪崩、火灾、地震、海难之后帮助寻找和救助失踪者。

犬对于大多数人来说只不过是一只宠物，但它仍能给人们带来精神上的慰藉。而对于残疾人、聋人、盲人来说，这些通过特殊训练的狗狗能在生活中给予他们极大的帮助。

从古至今，狗狗都有着一项重要职能——安全保卫。随着社会进步，保安犬的职责也渐渐发生了变化。它们曾是哨兵犬、巡逻犬、通讯犬、紧急救援犬等，现在它们则在探测爆炸物、有毒化学品、麻醉剂等新的领域发挥着更大的作用。

犬展是犬迷们的欢乐盛会，犬主们可将自己培育的血统纯正的犬只带至赛场展示，以期得到裁判及观众的认可。

犬业组织 *推动了犬的运动及娱乐*

在最近的200年间犬的发展非常迅速，在早些时候一些狗迷们经常聚在一起交流养育经验，一起带狗进行趣味比赛，渐渐地一批“狗味相投”者便自发成立了犬的俱乐部，直到今天有的俱乐部已成为世界权威的犬业组织。

世界畜犬联盟（Federation Cynoloque Internationate，简称FCI）是联合着世界几十个国家的全犬种组织，成立于1911年。当时由比、法、德、奥、荷五国联合创立，现在已有64国参加。美国养犬俱乐部（American Kennel Club，简称AKC）是致力于纯种犬事业的非营利组织。AKC成立于1884年，由美国各地530多个独立的养犬俱乐部组成。此外，约有3800个附属俱乐部参与AKC的活动。每年全美有经AKC批准举行的活动15000余项，其中包括爱犬展览、服从及追踪训练和犬只表演活动。这两大犬业组织现已成为世界上极具权威性、影响力巨大的综合性犬业组织。此外，还出现了一些单犬种犬业组织，如德国牧羊犬俱乐部；世界各地还有一大批各个地方性的犬业俱乐部。

犬的俱乐部的组织推广，推动了犬的运动及娱乐，各种犬展及犬只趣味比赛每天都在各地上演。有以展示血统纯正的犬只锦标赛，有以测试犬只完成动作能力的服从性比赛，有以检测狩猎能力的狩猎比赛，有以测试犬只穿越障碍能力的敏捷性比赛。此外，还有飞盘犬比赛、拉雪橇比赛、追逐赛等。

在阿拉斯加每年都会举行犬拉雪橇的比赛，这些雪橇犬能吃苦耐劳，彼此合作，听从一只主导犬和人类的指示，因此整个雪橇团队拉起装载重物的雪橇是又快又有效率。

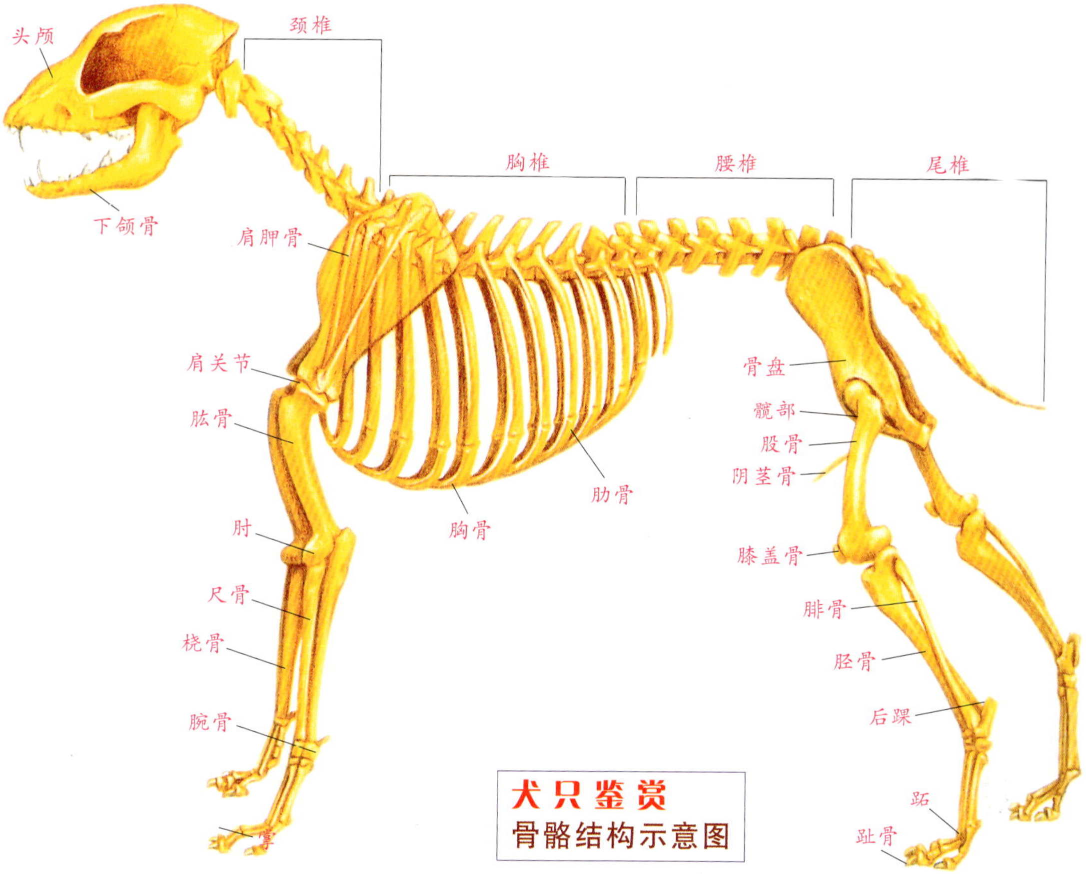

犬只鉴赏
骨骼结构示意图

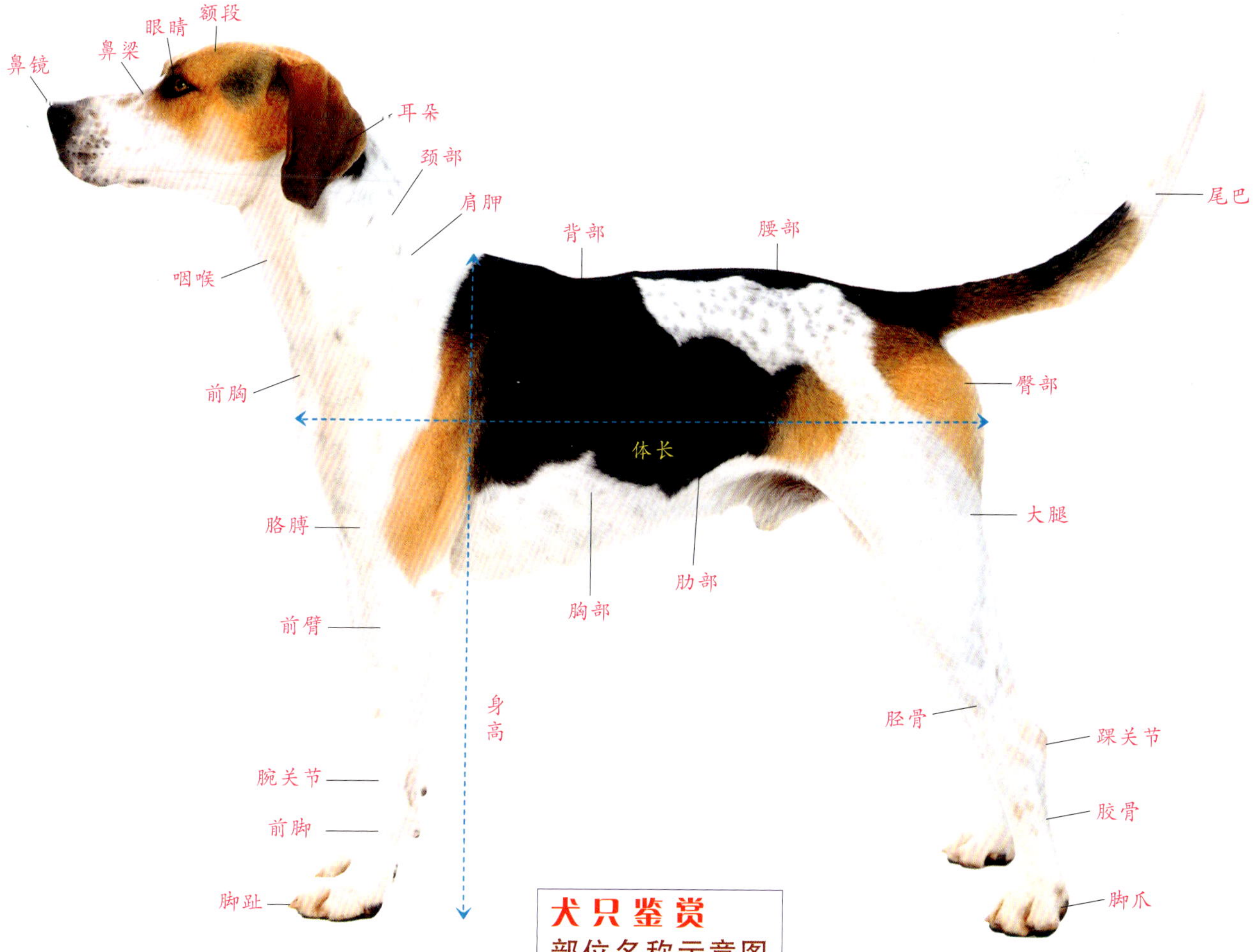

犬只鉴赏
部位名称示意图

头脸鉴赏

根据狗的鼻子、嘴巴、眼睛、嘴唇、面颊的大小比例，它们的面部能分成多种样式，同时由于头部的尺寸和形状又极为不同，因此带来更为丰富的变化。

苹果状头

波士顿型头

圆顶型头

脸向上翘型头

尖型脸

中间断裂型脸

盘形脸

脸部向下型

耳形鉴赏

狗狗的耳朵除有直立、半直立、钮扣式三种基本形状外，还有更多的分类。如以下图片所示，还会考虑到形状、尺寸、厚度、位置以及剪截方式等。

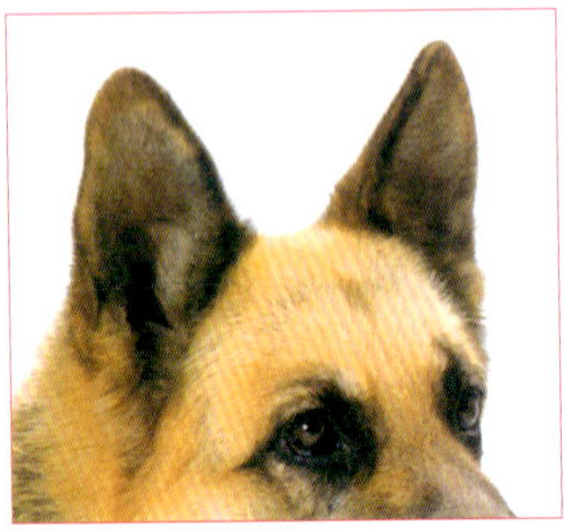
直立型耳朵

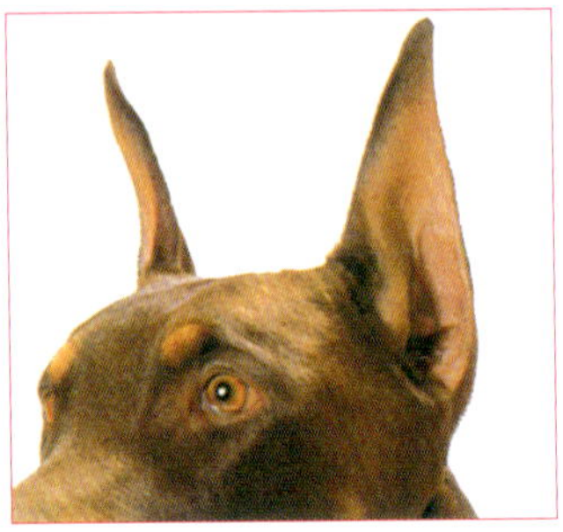
直立型剪耳

半直立型耳朵

郁金香形耳朵

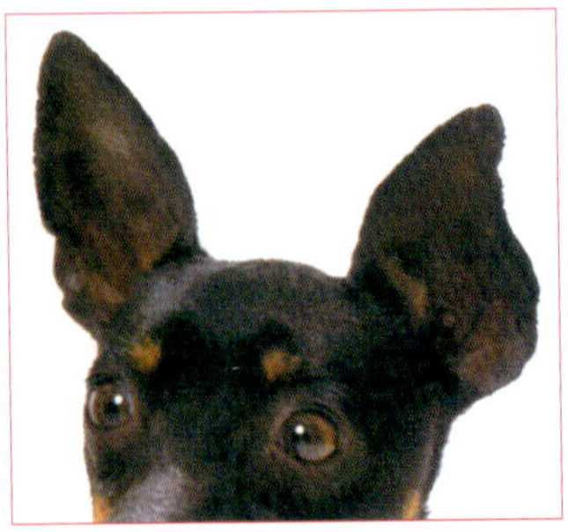
蜡烛火焰形耳朵

蝴蝶形耳朵

蝙蝠形耳朵

钮扣形耳朵

下垂式耳朵

垂环式耳朵

叶状形耳朵

玫瑰形耳朵

尾形鉴赏

狗狗的尾巴形状多样，这些尾巴也是狗狗表达情感的工具：尾巴下垂夹于两腹间时表顺从，尾欢快地摇摆显示高兴，而尾扬起则可能表示威慑；同时不同形状的尾巴也让狗狗在不同的工作领域有着特殊的功用。

欢乐上举的尾巴

剪短式的尾巴

旗杆式的尾巴

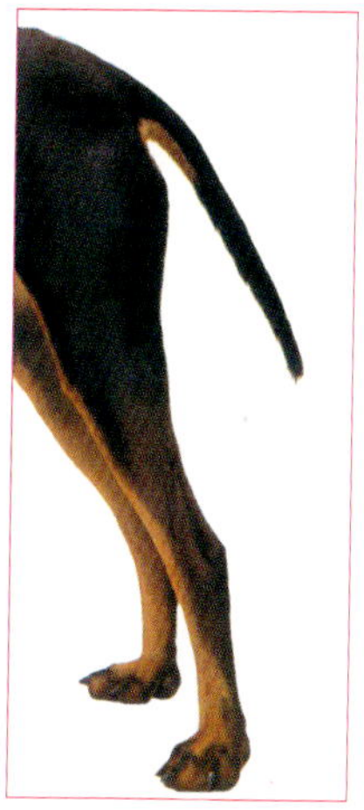
船尾式的尾巴

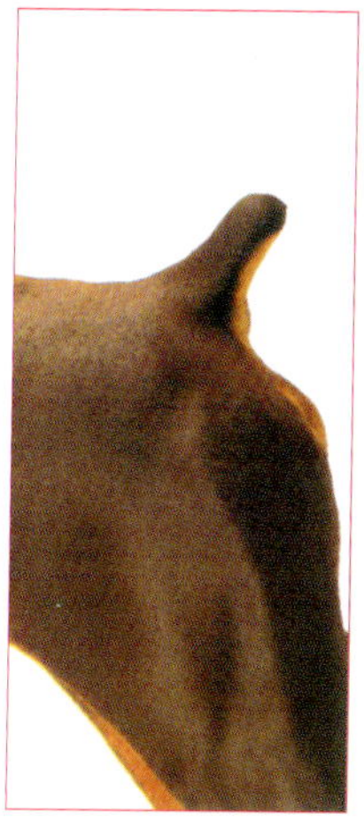
截断式的尾巴

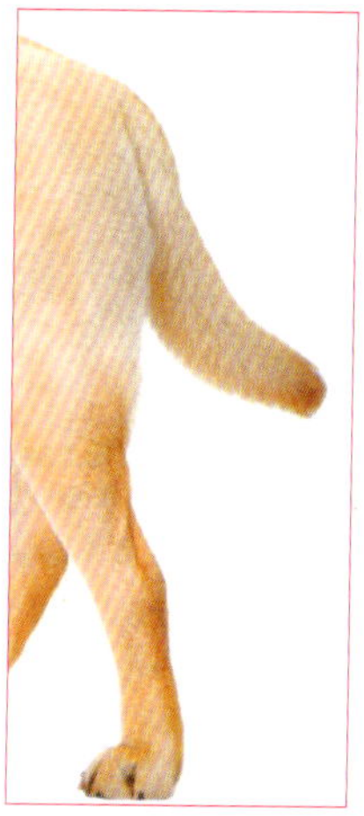
水獭式的尾巴

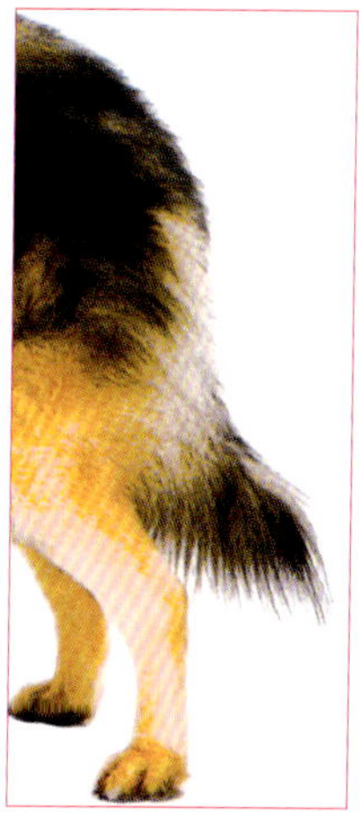
马刀式的尾巴

毛笔式的尾巴

老鼠式的尾巴

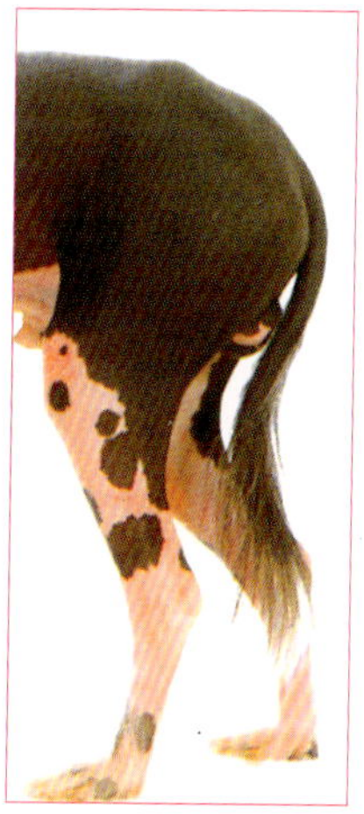
羽毛状的尾巴

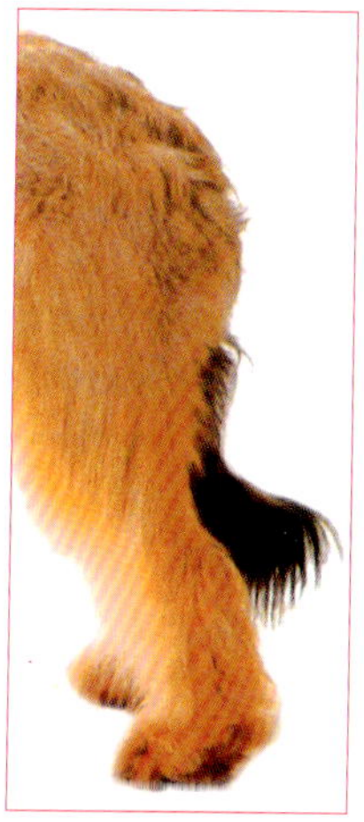
弯钩式的尾巴

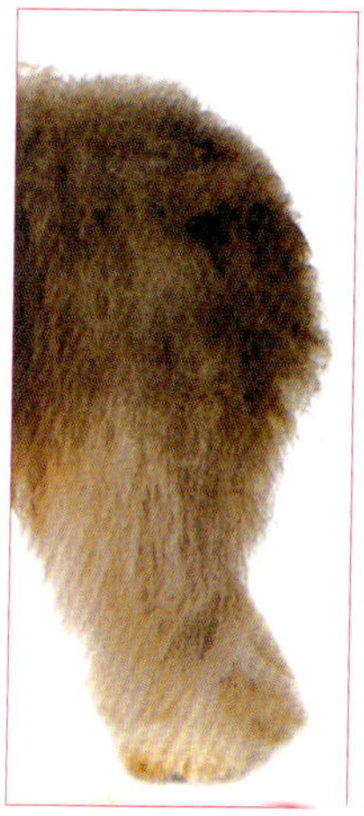
摆垂式的尾巴

鞭子式尾巴

旗帜式尾巴

S型锅钩尾巴

镰刀式尾巴 1

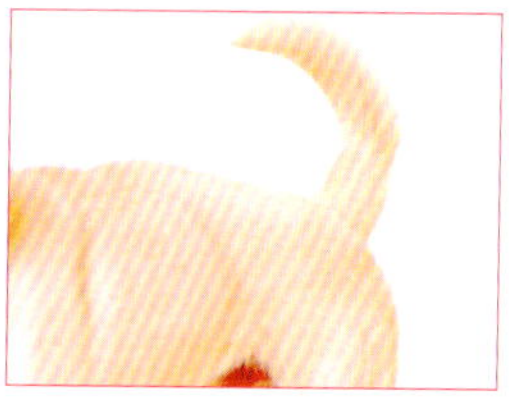
镰刀式尾巴 2

松鼠式尾巴

环状尾巴 1

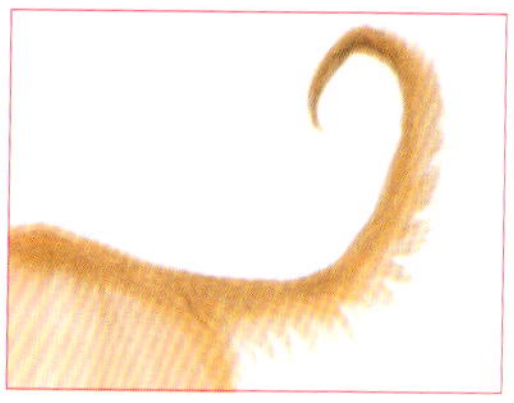
环状尾巴 2

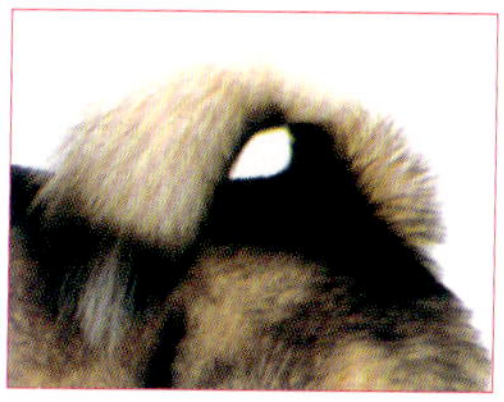
卷状尾巴 1

卷状尾巴 2

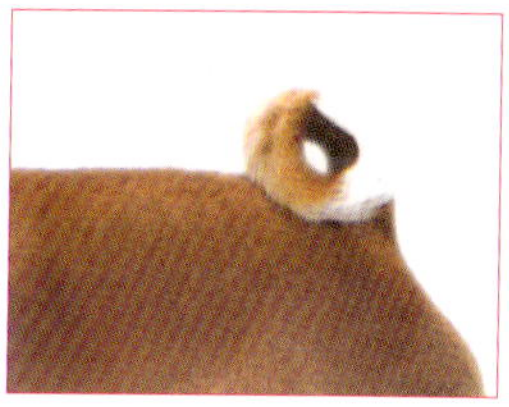
双卷状尾巴 1

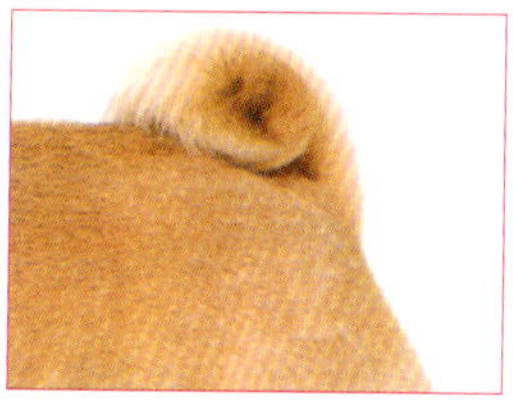
双卷状尾巴 2

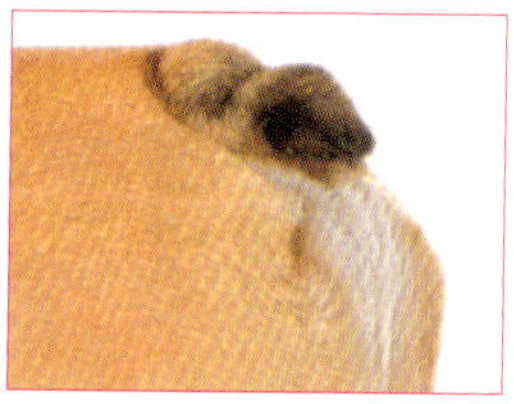
纽结状尾巴

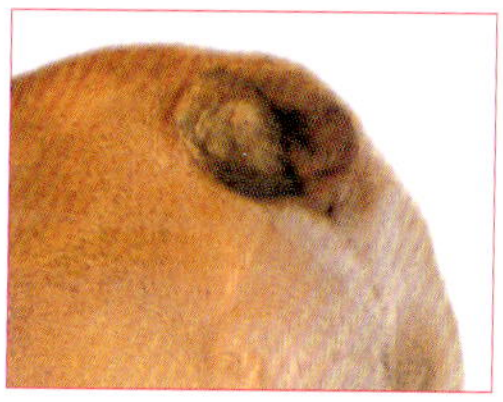
曲柄状尾巴

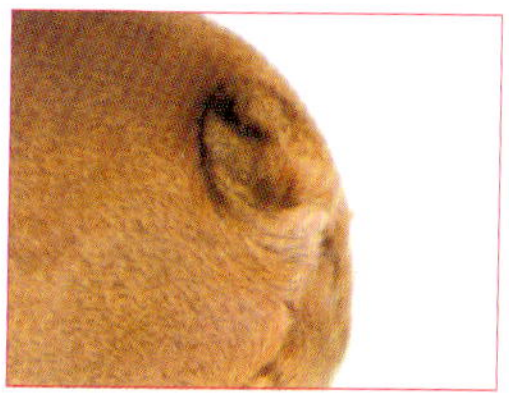
螺旋状尾巴

眼形鉴赏

狗狗的眼睛据其隆起的形状分类，通常是椭圆形、三角形、圆形及杏仁形，它们还呈现着许多不同的颜色。

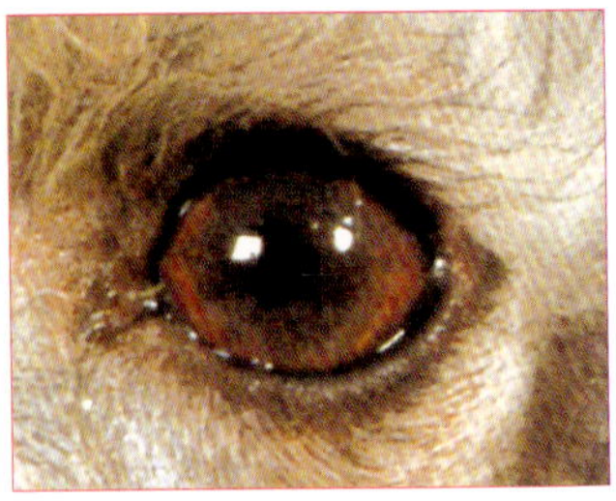
椭圆形眼睛

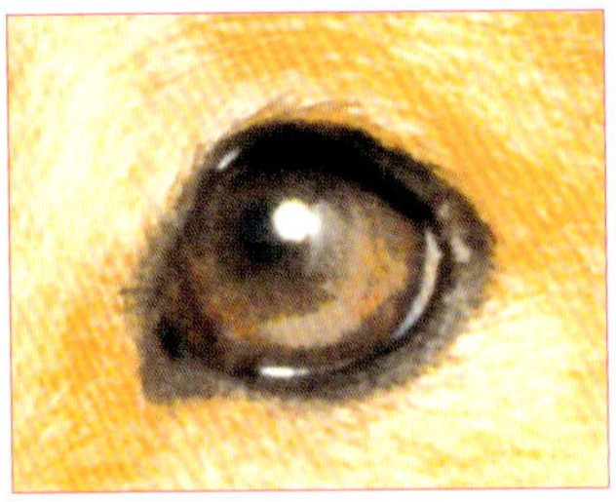
三角形眼睛

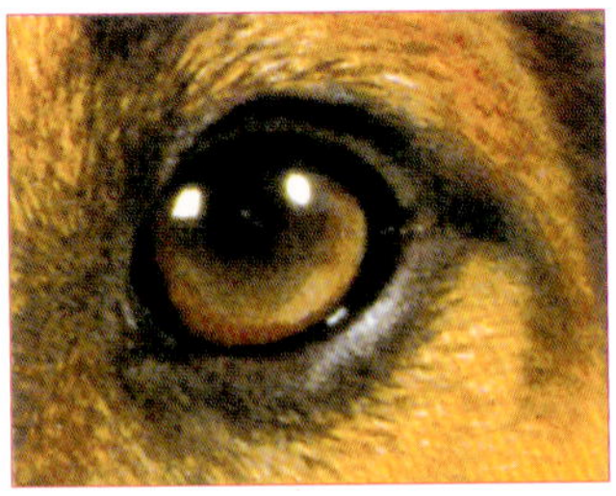
圆形眼睛

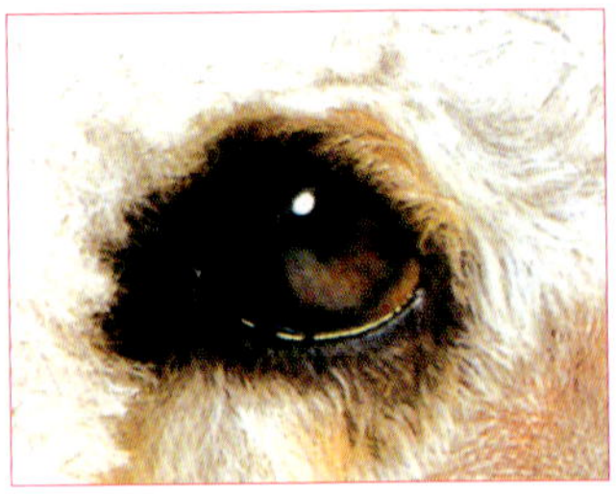
杏仁形眼睛

颜色鉴赏

狗狗的毛发颜色从纯白到纯黑，其中有很大的颜色变化和细微的颜色混合，而这些颜色能形成许多式样，以区分一定狗类品种的特征。另外，随着狗狗的成长，它们的毛发颜色也会随之变化。

黑色

纯黑色

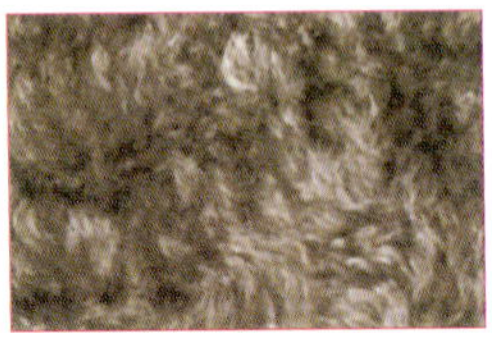
蓝黑色

亮蓝色

蓝色

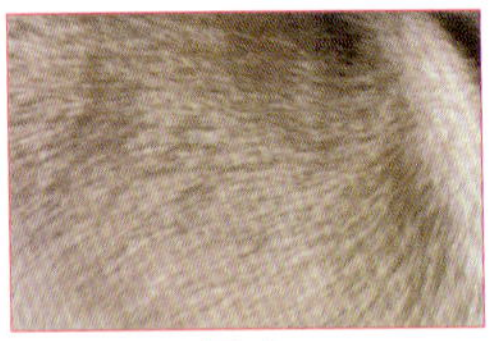
银色

暗褐色

肝色

貂皮色

红貂皮色

巧克力色

栗子色

红宝石色

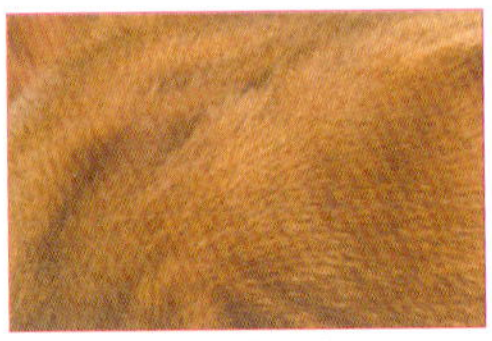
亮棕褐色

红褐色

青铜色

棕褐色

浅黄褐色

橙色

枯草色

红色

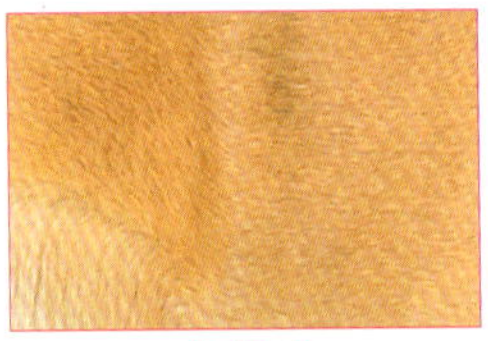
杏黄色

米色

麦色

白色

狼灰色

蓝色斑

沙砾色

红色斑

椒盐色

花斑

斑纹

花毛

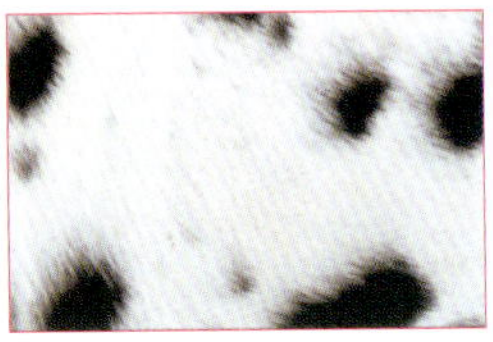
斑点

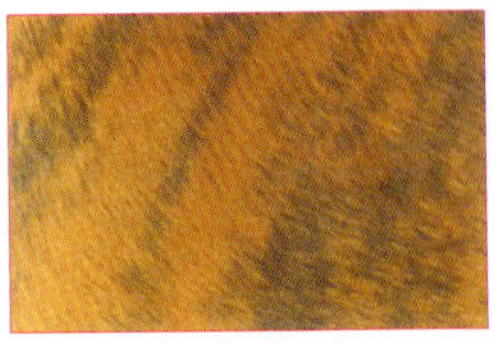
老虎斑纹

中国犬品种

Chinese Group

中国是一个有着五千年人类文明的文化古国，从远古时代，我们的祖先就开始驯化犬只来为自己服务。在中国漫长的人类历史发展过程中，犬总是伴随在先民的左右。现在我们透过大量的文献，仍能找到众多关于犬的品种与活动的真实记载，而在民间则有很多关于犬的神话与传说。

中国的许多犬种起源十分古老，并且来历十分珍贵。北京犬、西施犬作为贵族犬种曾是皇室的特有，外人则难以一睹芳颜；而拉萨狮子犬、西藏猎犬、西藏㹴等犬种则深居寺院，至今还蒙着神秘的面纱；中国许多犬种还是欧洲犬的祖先，如欧洲的一些大型犬就有中国獒犬的血统……

中国的许多珍贵犬种都是在近几百年才传至海外，现在它们已遍布世界各地，成为各国人民珍爱的时尚宠物。

Pekingese

Shih Tzu

Pug

Shar-Pei

Chow Chow

Lhasa Apso

Tibetan Terrier

Tibetan Spaniel

Tibetan Mastiff

Chinese Crested Dog

北京犬
(*Pekingese*)

来自中国皇室的贵族犬

血统渊源 北京犬是世界上最古老的品种之一。几个世纪以来，北京犬一直作为中国皇室专用犬珍藏于宫中，代表了一种荣耀。到 1860 年才被闯入圆明园的英法联军带到西方。现在已成为许多家庭的理想宠物。

犬种特征 身体紧凑，前部较大，后部较小，体态匀称。头部大而宽，颈短而粗，有长鬃毛，腿短而弓，毛色以金黄色为佳。

性格特点 尊贵、倔强、活泼、自信，感情丰富，非常忠于主人，对陌生人疏远，经常吠叫，是好的看家犬。

饲育要点 本犬非常适合家庭饲养，它生活的唯一目的，就是做一个忠诚而善解人意的好伴侣。

头部：大而宽且平
嘴巴：下颚稍突出
鼻子：短而宽
眼睛：大而圆

耳朵：心形，下垂
尾巴：高卷于背侧
被毛：长而直，丰富

狗事档案

原产地：中国	起源期：远古
用　途：伴侣犬	体　重：2.5~5.5 千克
身　高：15~25 厘米	毛　色：任何颜色
可训度：★★★★☆	友善度：★★★☆☆
吠叫度：★★★★☆	流行度：★★★★☆

西施犬(*Shih Tzu*)

血统渊源 公元 6 世纪以来，中国就有西施犬的一些记载，到唐朝时，皇宫中盛行养西施犬。"Shih Tzu" 即狮子的意思，因而认为与佛有渊源。

犬种特征 西施犬体形娇小，有着长长的双层被毛。它气质不凡，头部高高抬起，尾部在背部卷曲，身体结实、紧凑。头部覆盖长毛，鼻子上的毛往上生长，所以常在头顶打结，看起来像菊花，因而又名菊花犬。

性格特点 骄傲自尊，外向、快乐、感情丰富，聪明温顺，值得信赖。

饲育要点 每天带它外出散步 1 次，每天刷毛和梳毛 1 次，建议将它的头上的毛束起来以避免盖住眼睛。每月洗澡 1 ~ 2 次，定期检查眼睛。耐热性差。

视为佛教的神使

头部：圆而宽
眼睛：大而圆
耳朵：大，下垂

鼻子：鼻孔宽
四肢：短而健壮
尾巴：弯到背上
被毛：长而浓密

狗事档案

原产地：中国	起源期：10 世纪
用　途：伴侣犬、看门犬	体　重：4~7 千克
身　高：21~28 厘米	
毛　色：所有的被毛颜色和斑块类型	
可训度：★★★☆☆	友善度：★★★☆☆
吠叫度：★★★☆☆	流行度：★★☆☆☆

巴哥犬(*Pug*)

满面愁容的“猴子”

血统渊源 巴哥犬是非常古老的品种，起源于中国，有人认为它们的祖先是短毛北京犬。16 世纪巴哥犬通过荷兰来到欧洲，17 世纪在英格兰被培育。“pug”在拉丁文中为拳头之意，原因是该犬头部像一个紧握的拳头。

犬种特征 身体呈方形，像小马般健壮。头大而圆；脸部多皱纹，满面愁容；吻部短，钝，呈方形。身材短粗，胸宽，肋部稍长，腰肌发达。肢短而壮，前肢挺直，后肢肌肉结实；尾卷曲。

性格特点 性格温和，易与人相处，深受妇女、儿童喜爱。

饲育要点 眼睛需要定期检查，脸上皱褶也一样。一周刷毛 2～3 次。对温度较敏感适于女性饲养。

狗事档案

原产地：中国　　起源期：远古
用　途：伴侣犬　　体　重：6.4~8.2 千克
身　高：25~30 厘米
毛　色：银色、杏色、浅黄褐色或黑色
可训度：★☆☆☆☆　　友善度：★★★★☆
吠叫度：★★★☆☆　　流行度：★★☆☆☆

沙皮犬
(*Shar-Pei*)

血统渊源 沙皮犬是古老而奇特的品种，祖籍中国广东南海县大沥镇，在中国的南方省市已经存在几千年了。用作寺庙护卫犬、战犬、猎狗和牲群护卫犬。1991 年，AKC 承认了该品种。

犬种特征 松松垮垮的皮肤、蓝黑色的舌头是沙皮犬最明显的特征。脸上皱褶多，皮肤松弛，幼年时尤其明显。它毛短而硬，手感粗糙，似打磨用的砂纸，因而得名。这种狗有蛤蟆形的耳朵，蝴蝶形的鼻，瓜形的头，老祖母式的面孔，水牛形的颈，马一样的臀部。

性格特点 庄重、机警，有贵族气派；独立性强，对陌生人冷淡，对主人极为忠诚。

饲育要点 每周刷毛 1 次，松弛毛皮上的褶皱需特殊照料。

需要拉皮的狗狗

狗事档案

原产地：中国　　起源期：远古
用　途：伴侣犬、护卫犬　　体　重：20~27 千克
身　高：45~51 厘米
毛　色：棕褐色、棕色、米黄色、奶油色、黑色
可训度：★★☆☆☆　　友善度：★★★☆☆
吠叫度：★★★☆☆　　流行度：★★☆☆☆

松狮犬
(*Chow Chow*)

东方古老而神秘的黑唇犬

血统渊源 该犬至少有2000多年的历史。有人认为其源于中国北方蒙古地区。曾长期用于狩猎，在唐朝时极受皇帝推崇，1780年引入英国，1903年AKC承认该犬种。

犬种特征 松狮犬强壮，身体呈方形，肌肉发达，骨骼粗壮，身体紧凑。头大而阔，颈部环状毛丰厚，似狮子。蓝黑色舌头非常独特，满面愁容，步态像踩高跷。

性格特点 机智、勇敢、热情，具有独立精神和特有的尊严，给人以疏远孤独的感觉。对主人非常忠心，但较为冷漠，不爱撒娇，是极佳的护卫犬。对其他犬有攻击性。

饲育要点 适合城市饲养。每天有足够的时间带它散步，每周刷毛、梳毛1次。该犬不耐高温。

狗事档案

原产地：中国	起源期：远古
用　途：伴侣犬、护卫犬	体　重：20~25千克
身　高：43~51厘米	
毛　色：红色、蓝色、黄褐色、奶油色、白色、黑色	
可训度：★☆☆☆☆	友善度：★☆☆☆☆
吠叫度：★☆☆☆☆	流行度：★★★★☆

拉萨狮子犬
(*Lhasa Apso*)

血统渊源 拉萨狮子犬在西藏已存在数千年了，原来是神物，一直被养在庙里和宫殿里，是和达赖喇嘛生活在一起的品种。直到1930年才出现在英格兰。

犬种特征 全身覆盖波浪状毛，长及地面，头顶漂亮长毛披散而下，状如花瓣，颚须较多，尾巴蓬松且位置较高。体态强健，背腰水平，线条流畅。

性格特点 十分警惕，遇到不寻常的动静便会狂吠不已，能在西藏严酷的环境中顽强地生存。性格开朗，聪明乖巧，对饲主非常忠心。

饲育要点 喜欢散步，不愿意独自呆着。每天梳理被毛1次，每月洗澡1~2次，定期检查耳朵。

佛教高僧身边的祥狮犬

狗事档案

原产地：中国西藏	起源期：远古
用　途：伴侣犬、看门犬	体　重：4~7千克
身　高：25~28厘米	毛　色：任何颜色
可训度：★☆☆☆☆	友善度：★★☆☆☆
吠叫度：★★★★☆	流行度：★☆☆☆☆

西藏㹴

(*Tibetan Terrier*)

藏民将其视为幸福的使者

血统渊源 非常古老的品种，它曾被当作圣物及庙里的卫士。大约1920年，西藏公主送给她的医生格里格先生一对西藏㹴作为礼物。他把它们带到英格兰并被用于培育欧洲的犬种。1930年，该犬种被正式承认。

犬种特征 西藏㹴并非真正的㹴犬。它经过几个世纪的进化，这种犬形成了具有保护性的双重被毛、紧凑的身体、独特的脚，以适应西藏的自然环境条件。它的脚大而圆，就如“雪靴”，厚长的毛如“皮袄”，保温性极好。

性格特点 聪明、坚强、勇敢，精力充沛，一度被用于驱赶畜群。感情丰富，出人意料地忠于主人，对孩子很温和。不信任陌生人，但很少吠叫。

饲育要点 好动，每天带它外出锻炼。每天梳理被毛1次，每月洗澡1~2次。

狗事档案

原产地：中国西藏	起源期：远古
用　途：伴侣犬、看门犬	体　重：8.2~13.6千克
身　高：38~41厘米	毛　色：任何颜色
可训度：★★★☆☆	友善度：★★☆☆☆
吠叫度：★☆☆☆☆	流行度：★☆☆☆☆

西藏猎犬

(*Tibetan Spaniel*)

血统渊源 西藏猎犬历史可远溯至两千年前，长期以来在西藏寺庙饲养，守护佛教圣地。1921年才由传教士带到西方。

犬种特征 比例匀称，步态灵活，放松且精力充沛。虽有猎犬之名，却无狩猎之实。身体较小呈长方形，匀称，形态和藏獒相似，是西藏犬种中唯一兔形脚的犬。耳及前脚后方有气质高雅的饰毛，臀部和尾巴毛较长。

性格特点 活泼、自信、聪明、机警，精力充沛，速度快，友善而温和，相当安静，没有侵略性。

饲育要点 每天带它出去散步，每周刷毛1~2次。

藏民们的小型护卫犬

狗事档案

原产地：中国西藏	起源期：远古
用　途：伴侣犬、看门犬	体　重：4~7千克
身　高：24~25.4厘米	毛　色：任何颜色
可训度：★★★★☆	友善度：★★★☆☆
吠叫度：★☆☆☆☆	流行度：★☆☆☆☆

藏獒

(*Tibetan Mastiff*)

中华神犬

头部：粗而强健，头盖骨大
鼻子：宽，嘴唇厚
眼睛：椭圆形，微斜

耳朵：下垂，三角形
被毛：长，浓密，直而粗糙
尾巴：卷至背上，尾毛多

血统渊源 据说2000多年前就在西藏喇嘛庙中和僧侣生活在一起。近代以来其足迹遍及世界各地，以致许多欧洲大型犬都或多或少带有它的血统。

犬种特征 身体强壮，体格强健，令人畏惧。脸部表情优美。步态轻巧灵活，走路缓慢，反应敏捷。全身被毛相当长，浓密，直而粗糙，能耐寒畏热。吼叫声如雷鸣，是地道的护卫犬。

性格特点 勇敢、质朴、沉稳，感情不外露，性情顽固。对陌生人冷漠，甚至有进攻性，必须从小接受固定而有耐心的训练。

饲育要点 常带它外出锻炼。每天梳毛1次，每月洗澡1～2次。

狗事档案

原产地：中国西藏	起源期：远古
用　途：伴侣犬、护卫犬	体　重：55~80千克
身　高：61~66厘米	
毛　色：棕色、金色、灰色、黑色加棕褐色、灰色加金色等	
可训度：★★☆☆☆	友善度：★☆☆☆☆
吠叫度：★★★☆☆	流行度：★★★★★

中国冠毛犬

(*Chinese Crested Dog*)

血统渊源 起源于中国，几个世纪以前，中国航海者带这种犬出海，随后传到非洲和美洲。之所以叫冠毛犬，是因其头毛像清朝官员的顶戴花翎。

犬种特征 形态优雅，细致的皮肤到夏天会变色。无毛型犬，只有头部、脚和尾部有毛；而长毛型则全身都有被毛覆盖。无毛型犬皮肤光滑、柔软，无皱褶，手触有温暖感，肤色多为粉红色加蓝色或咖啡色斑块。

性格特点 机灵勇敢，活泼可爱，警戒且精神饱满，是优秀的宠物犬。

饲育要点 需每天散步1次，对寒冷敏感且不喜欢孤独，需经常洗浴。

狗事档案

原产地：中国	起源期：远古
用　途：伴侣犬	体　重：3~5千克
身　高：28~33厘米	毛　色：任何颜色
可训度：★★★☆☆	友善度：★★★★☆
吠叫度：★☆☆☆☆	流行度：★☆☆☆☆

顶带花翎的中国犬

头部：优雅，光滑无皱纹
眼睛：中等大小，暗黑色
耳朵：大，位低，有或无边毛

四肢：细且结实，臀很圆
尾巴：尾根高，尾长且细，休息时垂下

玩赏犬品种

Toy Group

体形娇小，性格温顺，还长着一张非常甜美或非常滑稽的面孔，它们还是非常会讨好卖乖的小家伙，经常可以逗得主人开怀大笑。但是玩赏犬在最初也是对人类很有帮助的，早期，人们利用狗的天性，让它们帮助我们完成狩猎、牧羊等各种工作。不过一些体形较小的狗不能胜任，但是人们依然选择养育它们，原因是它们体形小，需要的食物也很少，所以饲养起来很容易，同时它们可以帮人们取暖。在此之后，人们才发现原来狗可以成为非常好的伴侣，来满足人类的精神需要。

Chihuahua

Pomeranian

Poodle

Yorkshire Terrier

Cavalier King Charles Spaniel

Japanese Chin

Italian Greyhound

Maltese

Papillon

Miniature Pinscher

Toy Manchester Terrier

Italian Greyhound

Affenpinscher

吉娃娃犬

(*Chihuahua*)

世界上最小的小精灵犬

血统渊源　公元9世纪时，在墨西哥就出现了一种叫提吉吉的犬，这种犬就是现代吉娃娃的祖先。

犬种特征　世界上最小的犬。体态娇美，优雅，步履轻快。圆圆的头部似苹果，一双大眼亮晶晶。大耳直立，间距宽，行动时竖起，休息时举起呈45°角。尾毛丰富，如羽毛般膨松。吉娃娃分为两种：短毛吉娃娃、长毛吉娃娃。

性格特点　机警、灵活、聪明、勇敢，意志坚定，忠于主人，有猎犬的品质。

饲育要点　每天外出散步，每周刷毛1～2次。眼睛需要定期照料，牙齿要定期检查以防牙石。

狗事档案

原产地：墨西哥　　起源期：9世纪
用　途：伴侣犬　　体　重：1~2.7千克
身　高：16~20厘米
毛　色：浅黄褐色、棕色、巧克力色、黑褐色等
可训度：★★☆☆☆　　友善度：★★★☆☆
吠叫度：★★★★☆　　流行度：★★★★★

博美犬

(*Pomeranian*)

血统渊源　博美犬起源于冰岛和拉普兰岛的雪橇犬，犬的名字来源于波美拉尼亚。它在英国很受欢迎，据说英国女王维多利亚去世时就有一只小博美一直陪伴在身旁。

犬种特征　体形较小，身体紧凑，四肢均衡。双层被毛，下毛柔软浓密，外毛膨松粗糙，除了面部、四肢下方外，全身覆盖被毛。颈部毛特别长，如围巾。

性格特点　性格外向，聪明活泼，是非常好的伴侣犬，爱吠叫，也是很好的看门犬。

饲育要点　每天梳刷被毛1次，常带它外出散步。骨骼较细，需特别保护。

似灵动的艺术品

狗事档案

原产地：德国　　起源期：19世纪
用　途：伴侣犬　　体　重：1.8~2.8千克
身　高：22~28厘米
毛　色：褐色、黑色、红色、灰白色等
可训度：★★★☆☆　　友善度：★★★☆☆
吠叫度：★★★★☆　　流行度：★★★★☆

贵宾犬(*Poodle*)

血统渊源 贵宾犬的祖先可能是德国的水猎犬。自古以来,在欧洲大陆各地都有其踪迹。1936 年 FCI 正式将法国确认为此品种的诞生地。贵宾犬按体形大小分为:标准型、迷你型和玩赏型。除身高外,玩赏型贵宾犬与标准型和迷你型的标准是一致的。

犬种特征 高贵典雅、聪明活泼,有出众的学习能力。头笔直,显尊贵。眼呈杏形,略倾斜。耳相当长,垂在颊旁。

性格特点 欢快、聪明、机警、好动,贵宾犬的友好足以令你的生活高兴起来。它对主人的忠诚是个传奇,喜欢外出且性格脾气好,是很棒的宠物犬。

饲育要点 贵宾犬非常干净,每日需刷毛和梳毛 1 次,每月洗 1~2 次澡。耳朵必须定期检查,每 2 月修整 1 次。有几种不同的修剪方式:欧洲大陆式、英国鞍式、幼犬式。

欧洲大陆式

千娇百媚于一身

英国鞍式

幼犬式

狗事档案

原产地:法国　　起源期:16 世纪

用　途:伴侣犬

体　重:22 千克(标准型);5~6.5 千克(玩赏型);6~7 千克(迷你型)

身　高:38.1 厘米以上(标准型);20~25 厘米(玩赏型);25.4~38.1 厘米(迷你型)

毛　色:黑色、白色、棕色、灰色及杏色

可训度:★★★★★　　友善度:★★★★☆

吠叫度:★★★☆☆　　流行度:★★★★★

移动的金色宝石

血统渊源 19世纪中叶，英国约克夏郡的矿工为了驱逐住宅中的老鼠，遂培育出这种犬。据说它是曼彻斯特㹴、斯凯㹴、马尔济斯犬等的混血种。

犬种特征 非常可爱，像个美丽的小女王。优雅、美丽而尊贵。头部毛长呈金黄褐色，身体上的被毛相当长，像丝一般，直直地垂在身体两边。

性格特点 活泼、勇敢、可爱、充满生机，对其他犬有支配性，是不错的家庭宠物犬。

饲育要点 每天带它外出散步1次，每天梳理被毛1次，每月做1次专业性修整。

头部：小而平
眼睛：中等大小，暗色
耳朵：小，V形，竖立
四肢：腿直，圆脚，黑趾甲
尾巴：断尾
被毛：如丝，又长又直

约克夏㹴
(*Yorkshire Terrier*)

狗事档案

原产地：英国	起源期：19世纪
用　途：伴侣犬	体　重：2~3.1千克
身　高：18~27厘米	毛　色：深蓝色、棕色
可训度：★★★☆☆	友善度：★★★☆☆
吠叫度：★★★★☆	流行度：★★★☆☆

骑士查理王猎犬
(*Cavalier King Charles Spaniel*)

血统渊源 该犬种很早就出现了，因受骑士查尔斯王一世宠爱而得名。查尔斯二世也很喜欢此犬，在宫廷里大受欢迎。1926年有个美国人悬赏希望找到该犬种，后来有人就以这些古代犬种为目标，繁殖出了这种犬。

犬种特征 身体协调、优雅，走路姿势优美而灵活，富有绅士风度。被毛长，如丝缎般，非常华丽。头圆；眼大而圆；颈部较长，呈拱形。后臀和后腿有力。

性格特点 活泼、快乐、友善、坚韧、好动，精力充沛，神勇，对主人非常温和，是极好的伴侣犬。不过度吠叫。

饲育要点 适合城市饲养，每天带它散步，每周刷毛2~3次，眼睛和耳朵定期检查。不能忍受冷和潮。

优雅高贵的绅士

头部：圆，头骨近乎平
眼睛：大而圆，暗色
耳朵：长，耳根高，边毛丰富
四肢：结实，足垫厚
尾巴：摆动灵活，不会超过背线　被毛：长，丝一般，不卷曲

狗事档案

原产地：英国	起源期：20世纪初
用　途：伴侣犬	体　重：5.9~8.2千克
身　高：30~33厘米	
毛　色：黑褐色、红宝石色、红棕色、三色	
可训度：★★★★☆	友善度：★★★★★
吠叫度：★★★☆☆	流行度：★★☆☆☆

日本狆

(*Japanese Chin*)

贵族仕女的玩伴

血统渊源 公元 732 年，朝鲜皇室将日本狆的祖先送给了日本宫廷。在其后的一个世纪里，许多这样的狗被带到日本。在 9 世纪时，日本狆被出口到美国和英格兰，维多利亚女王就拥有一只。1882 年，几只日本狆在纽约展示。目前，这种小狗分布非常广。

犬种特征 优雅，步态轻盈有弹性。大而圆的眼睛，眼内侧有少量白斑。耳小，呈 V 形。直而丰富的被毛如丝般美丽。

性格特点 机警、聪明、活泼、友善、温和，非常坚韧，忠于主人，是个快乐的伴侣犬。

饲育要点 每天刷毛 1 次，耳朵和眼睛定期检查。它不是很耐热。

头部：宽大且圆
眼睛：大而圆
耳朵：长，下垂
颈部：相当短
臀部：宽而略圆
背部：短而直
身体：呈方形
被毛：长而直，丝一般
尾巴：尾根高，向背部弯曲

狗事档案

原产地：日本	起源期：中世纪
用　途：伴侣犬	体　重：2~6 千克
身　高：20~28 厘米	毛　色：黑白色、红白色
可训度：★★★☆☆	友善度：★★★★☆
吠叫度：★☆☆☆☆	流行度：★★☆☆☆

意大利灵缇

(*Italian Greyhound*)

血统渊源 起源于 2000 多年前的希腊、土耳其，16 世纪在意大利很受欢迎，就有了现在的名字。

犬种特征 体形小而优雅。头部窄而长，逐渐变细到鼻尖。颅骨相当长，顶部平。黑而明亮的眼睛，流露出聪明的智慧。被毛短，富有光泽，皮肤柔软。

性格特点 聪明、可爱、小巧、机警，感情丰富，与主人相处融洽。

饲育要点 常带它外出散步，冬天注意保暖，不需特别护理。

来自意大利的飞毛腿

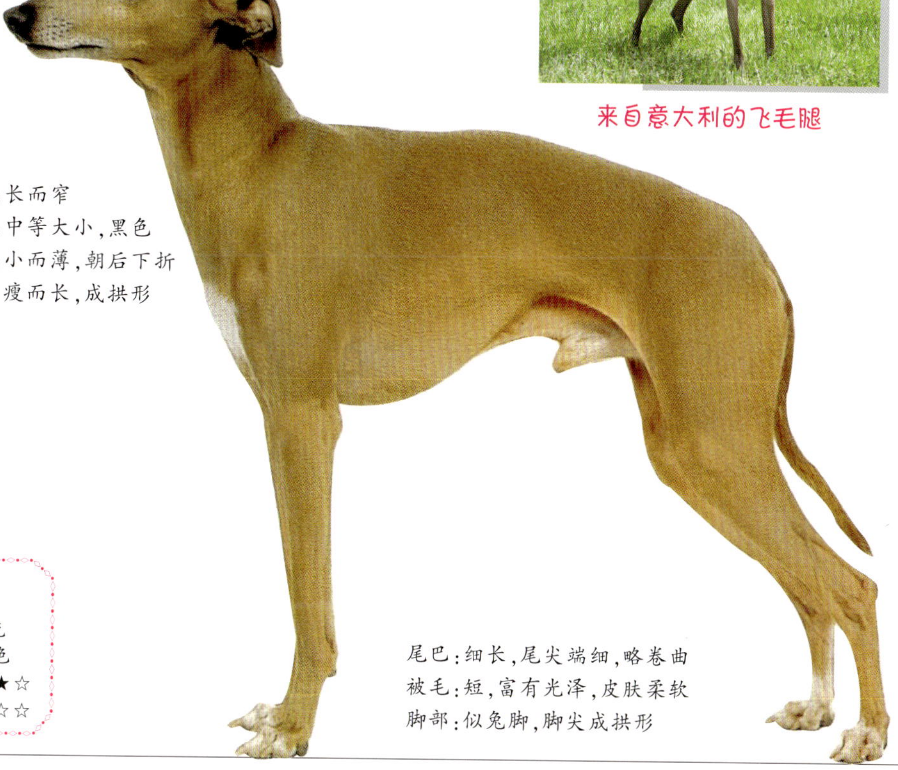

头部：长而窄
眼睛：中等大小，黑色
耳朵：小而薄，朝后下折
颈部：瘦而长，成拱形
尾巴：细长，尾尖端细，略卷曲
被毛：短，富有光泽，皮肤柔软
脚部：似兔脚，脚尖成拱形

狗事档案

原产地：意大利	起源期：远古
用　途：伴侣犬	体　重：3~7 千克
身　高：33~38 厘米	毛　色：任何颜色
可训度：★★★★☆	友善度：★★★★☆
吠叫度：★☆☆☆☆	流行度：★★★☆☆

玛尔济斯犬

(*Maltese*)

白雪公主

血统渊源 起源于地中海马尔他岛，其最早可追溯到公元600年前，可以称得上是最古老的品种。1877年，玛尔济斯犬参加了第一届美国西敏寺犬展。

犬种特征 体形娇小，全身覆盖着丝缎般的白色长毛，毛于鼻部以上到尾巴之间中分开来，尾巴往上卷而后倾。它举止优雅，富于感情，行动轻快，非常有活力。

性格特点 活泼、勇敢，精力充沛，喜欢玩耍，易于与小孩子相处，最适合作为家庭宠物。

饲育要点 每天整理被毛1次，每年修整2次，定期洗澡，耳朵和眼睛定期检查。

狗事档案

原产地：地中海	起源期：远古
用　途：伴侣犬	体　重：1.8~3千克
身　高：21~25厘米	毛　色：纯白色
可训度：★★★☆☆	友善度：★★★☆☆
吠叫度：★★★☆☆	流行度：★★☆☆☆

蝴蝶犬(*Papillon*)

血统渊源 蝴蝶犬在16世纪时叫侏儒小猎犬。路易时代，这种小猎犬中体形较大者，由长垂耳变为直立耳，倾斜立在头的两侧似蝴蝶，因此得名蝴蝶犬。

犬种特征 体形较小，全身有着丝样的下垂被毛，富有弹性。丝状长毛，前后肢有装饰毛。耳与头成45°角，两张耳片像蝴蝶张开的翅膀。

性格特点 快乐、机警、友好。既不胆怯，也不富于进攻性。极少吠叫，是受人喜爱的宠物犬。

饲育要点 每天整理被毛，特别要将耳朵上的毛理顺，并定期清洁耳朵，预防耳病。

双耳似翩翩飞舞的蝴蝶

狗事档案

原产地：欧洲	起源期：17世纪初
用　途：伴侣犬	体　重：4~5千克
身　高：20~28厘米	毛　色：黄褐、黑白等杂色
可训度：★★★★☆	友善度：★★★★☆
吠叫度：★☆☆☆☆	流行度：★★☆☆☆

迷你杜宾犬
(*Miniature Pinscher*)

自信的小王子

血统渊源 起源于德国的斯堪地那维亚半岛,它很会捉老鼠,也很会叫,是很好的看家犬。

犬种特征 体形小巧,身体匀称,外表整洁,充满活力。被毛光滑,有光泽,紧贴身体。前肢抬得较高,步态像马步,很会捉鼠。

性格特点 聪明、活泼、勇敢、沉着冷静,是家庭最好的伙伴。

饲育要点 需要断耳、断尾。需要适量的运动,防止长得过胖。注意防寒。

狗事档案

原产地:德国	起源期:18 世纪
用　途:伴侣犬、捕鼠	体　重:4~5 千克
身　高:25~31 厘米	毛　色:纯红色、鹿犬红
可训度:★★★★★	友善度:★★☆☆☆
吠叫度:★☆☆☆☆	流行度:★★★☆☆

玩赏型曼彻斯特㹴 (*Toy Manchester Terrier*)

血统渊源 该犬是一种叫老黑褐㹴的猎鼠犬的现代版,是老黑褐㹴、惠比特㹴和西高地白㹴的交配品种中较小的变种。玩赏曼彻斯特㹴于 1850 年左右被培育出。

犬种特征 比例匀称。体态优美、结实,步态有些像疾奔的马。眼睛小,呈杏形。耳长而竖立。被毛短而密,光滑,有光泽,不柔软。

性格特点 活泼、精力充沛,是快乐友善的伴侣。

饲育要点 易饲养,每天刷毛 1 次。

敏捷的猎鼠犬

狗事档案

原产地:英国	起源期:19 世纪
用　途:伴侣犬	体　重:3.2~5.4 千克
身　高:25~30 厘米	毛　色:纯黑色、棕褐色
可训度:★★★☆☆	友善度:★★☆☆☆
吠叫度:★☆☆☆☆	流行度:★☆☆☆☆

丝毛㹴
(*Silky Terrier*)

来自澳大利亚的小淘气

血统渊源 丝毛㹴是约克夏㹴和澳大利亚㹴交配的结果。第一次出现是在19世纪,当时澳大利亚㹴头次生产出一个丝毛㹴。史凯㹴和凯恩㹴的血统可能也有引入。1933年,得到悉尼养犬人俱乐部承认,后出口到英国和美国。

犬种特征 如丝绢般的毛光泽美丽。头部的毛特别长,但不会遮住脸部。断尾,尾巴在较高的位置。身高较低,体格壮硕。骨骼纤细,很会抓老鼠。

性格特点 天性淘气而快乐,动作敏捷,好奇心强。非常友善,易与人亲近。因承袭了㹴犬的血统,有时也很倔强有力。

饲育要点 丝毛㹴是非常干净的小狗,平时只需带出去做长时间的散步,非常适合生活在室内。需定期刷毛和梳毛。

狗事档案

原产地:澳大利亚	起源期:19世纪
用　途:伴侣犬、猎犬	体　重:3.6~4.5千克
身　高:23~26厘米	毛　色:蓝色、棕褐色
可训度:★★★☆☆	友善度:★★★☆☆
吠叫度:★☆☆☆☆	流行度:★☆☆☆☆

猴面犬(*Affenpinscher*)

血统渊源 是最古老的玩赏犬之一。17世纪以前的画中有面貌相似的犬,20世纪30年代起,当这种小型犬在狗展上开始扬名后,逐渐备受欢迎。

犬种特征 健壮,结实,体形小但不瘦弱。脸庞很像猴子,并有一簇胡子,粗而硬的眉毛,眼睛黑而大。颈部短而直。背线水平。

性格特点 聪明、机警、勇敢、好斗,对主人和朋友非常忠诚,是很好的玩赏犬。

饲育要点 每天带它外出散步,每天梳理被毛1次。每年2~3次专业性修整。

一幅猴脸的家伙

狗事档案

原产地:德国	起源期:17世纪初
用　途:伴侣犬、猎犬	体　重:3~4千克
身　高:23~29厘米	
毛　色:灰色、银色、黑色	
可训度:★★★★☆	友善度:★★★☆☆
吠叫度:★☆☆☆☆	流行度:★☆☆☆☆

运动犬品种

Sporting Group

很多人习惯将运动犬组称为枪猎犬组或单猎犬组，其实这种说法是有根据的：在 19 世纪的英国，打猎是非常流行的贵族运动，所以这些跟人们一起享受狩猎乐趣的狗，就叫做 Sporting Dog；当时人类已经发明了枪支，所以，枪猎犬已经不再需要追逐、捕杀猎物了。运动犬组犬的家族种类很多，例如指示猎犬类、激飞猎犬类、寻回猎犬类，它们协助猎人完成打猎工作都属运动犬。运动犬均具有活泼、温顺、亲和力强的特点，自然也很容易受到人们的宠爱。

Golden Retriever

Labrador Retriever

American Cocker Spaniel

English Cocker Spaniel

Brittany Spaniel

English Pointer

German Shorthaired Pointer

German Wirehaired Pointer

Chesapeake Bay Retriever

Curly-Coated Retriever

Flat-Coated Retriever

English Setter

Gordon Setter

Field Spaniel

Irish Setter

English Springer Spaniel

Clumber Spaniel

Irish Water Spaniel

Welsh Springer Spaniel

Vizsla

Sussex Spaniel

Weimaraner

Wirehaired Pointing Griffon

American Water Spaniel

金毛寻回猎犬

(*Golden Retriever*)

金色炫舞般华丽

头部：宽阔，轮廓清晰
眼睛：中等大小，深色
耳朵：较小，下垂

鼻子：黑色或黑褐色
牙齿：呈剪状咬合
四肢：肌肉发达，脚圆

尾巴：尾根高，与背线呈水平
被毛：平整或呈波浪形；下毛浓密，防水

血统渊源 该犬于18世纪在苏格兰河近郊开始繁殖，是由不知名的顺毛寻回猎犬与苏格兰长耳猎犬等交配而成。该犬主要用来狩猎及寻回被猎枪击落的水鸟。

犬种特征 身体匀称，充满力量。金色被毛，上毛茸茸具有弹性，下毛防水。有灵敏的嗅觉，谨慎负责，发现和追踪猎物能力强。

性格特点 温顺、忠诚、沉隐、聪明活泼、充满自信，是友善的家庭犬及导盲犬。

饲育要点 需要较大的活动空间及运动量，勤梳被毛，并避免让它太胖，适合城市饲养。

狗事档案

原产地：英国
起源期：18世纪
用　途：伴侣犬、猎犬
体　重：26~34千克
身　高：55~61厘米
毛　色：乳黄色、金黄色
可训度：★★★★★
友善度：★★★★★
吠叫度：★☆☆☆☆
流行度：★★★★★

拉布拉多猎犬

(*Labrador Retriever*)

乡间名士般朴实

血统渊源 拉布拉多猎犬其祖先并不如其名来自拉布拉多地区，而是来自纽芬兰岛。后来该犬搭乘渔船远渡到加拿大拉布拉多岛上成为捕鱼犬。

犬种特征 体格强健，结实，步态轻松。拥有独特的圆形尾巴，厚被毛密布全身，具有旺盛的好奇心及敏锐的嗅觉能力。

性格特点 亲切、温柔、合群，富有家庭观念，是世界上最受欢迎的家庭伙伴。

饲育要点 不宜单独留下，需要大量的训练来稳定情绪，每周刷毛2~3次；加强营养管理，避免过胖。

头部：阔而圆，头盖骨宽
眼睛：中等大小，棕色或淡褐色
鼻子：宽大

耳朵：双耳不大不重，紧贴头部垂挂
背线：水平，背部强壮

尾巴：尾根粗，朝尾尖变细，中等长度，没有边毛
被毛：短而浓密，下毛耐气候

狗事档案

原产地：英国　　起源期：19世纪
用　途：伴侣犬、猎犬、导盲犬
体　重：25~36千克　　身　高：54~62厘米
毛　色：巧克力色、黄色、黑色
可训度：★★★★★　　友善度：★★★★★
吠叫度：★☆☆☆☆　　流行度：★★★★★

美国可卡犬

(*American Cocker Spaniel*)

来自美国的娇娇客

血统渊源 是英国可卡犬的直系后代，1882年引入到美国，在那里育种人员希望培育一种带有优质被毛的小型伴侣犬。1946年得到美国养犬俱乐部认可，是美国最受欢迎的犬种。

犬种特征 该犬是猎犬中最小型的，具有结实紧凑的身体；头部精细，大耳长垂；全身匀称，前腿直立支撑肩部，后躯强健；全身长有浓密的饰毛，尤以耳部的最为显眼。

性格特点 头脑聪明，性情平和，可以作为表演犬。

饲育要点 适应室内生活，需要每天散步。每天梳理被毛，2个月洗1次澡，每月1次修饰。

狗事档案

原产地：美国	起源期：18世纪
用　途：伴侣犬	体　重：10~13千克
身　高：34~39厘米	毛　色：各种颜色
可训度：★★★★☆	友善度：★★★★☆
吠叫度：★★★☆☆	流行度：★★☆☆☆

英国可卡犬

(*English Cocker Spaniel*)

逗人喜欢的小型长耳猎犬

血统渊源 它来自于不同体形、类型和狩猎能力高度多样化的西班牙猎犬家族，是已知的最古老的陆地猎犬之一。

犬种特征 活泼欢乐、站姿良好、结构紧凑；精力旺盛，步态流畅；头轮廓分明，具有特色；有速度、有耐力，热衷于狩猎，是好的寻回犬。

性格特点 快乐、顽皮，精力充沛，充满活力，意志坚强，独立，但也友爱、和善，是令人愉快的宠物犬。

饲育要点 适应室内饲养，每天必须进行长时间的散步。每周2次梳理被毛，每年2~3次修饰。耳朵必须经常检查。

狗事档案

原产地：英国	起源期：16世纪
用　途：伴侣犬、猎犬	体　重：12~16千克
身　高：38~43厘米	毛　色：各种颜色
可训度：★★★☆☆	友善度：★★★★☆
吠叫度：★★★☆☆	流行度：★☆☆☆☆

布列塔尼猎犬

(*Brittany Spaniel*)

美国女性狩猎者的最爱

血统渊源 该犬的祖先是一种中世纪用来捕鸟的犬种。最初在 19 世纪由布列塔尼农场犬、英格兰猎犬、英格兰指示犬及英国激飞猎犬杂交而成。

犬种特征 结构紧凑、体形中等，具有长腿犬的体形外貌和敏捷性。体格强壮，精力充沛，运动迅速，形象冷峻。具有灵敏的嗅觉，随时保持警戒，一旦发现猎物，能迅速指出猎物所在地，是优良的猎犬。

性格特点 勇敢、热情、聪明，不屈不挠，有斗争精神，能在任何地形上工作。

饲育要点 每天需要长时间散步，每周刷毛 1～2 次，定期检查耳朵。

狗事档案

原产地：法国
起源期：18 世纪
用　途：伴侣犬、猎犬
体　重：13~18 千克
身　高：44~52 厘米
毛　色：黄白色、肝红白色
可训度：★★★★☆
友善度：★★★★★
吠叫度：★★☆☆☆
流行度：★☆☆☆☆

英国指示猎犬

(*English Pointer*)

血统渊源 在 18 世纪，英国育犬人员让来自葡萄牙的短毛指示犬与其他犬种杂交，培育了今天的英国指示猎犬，含有猎狐犬、寻血猎犬与灰狗的血统。19 世纪，该犬种接受了大量的法国和意大利指示犬血统。

犬种特征 头高高抬起，表情聪颖机警，发达的肌肉展示着它的耐力和凶猛，它的每一个动作都显示了其充分的警觉性和所具有的持久耐力、刚毅勇敢和搜寻的欲望。

性格特点 随和、友爱、聪明、活跃，能成为优秀的看门犬。

饲育要点 不适宜室内饲养，需宽广的空间和大量的训练。对冷和潮湿敏感，每周刷毛 1 次，经常检查耳朵。

作风严谨的野外专家

狗事档案

原产地：英国　　起源期：18 世纪
用　途：看守犬、猎犬　　体　重：20~34 千克
身　高：59~71 厘米
毛　色：肝红色、淡黄色、黑色、橙黄色等
可训度：★★★☆☆　　友善度：★★★☆☆
吠叫度：★☆☆☆☆　　流行度：★☆☆☆☆

德国短毛指示猎犬

(*German Shorthaired Pointer*)

万能猎犬

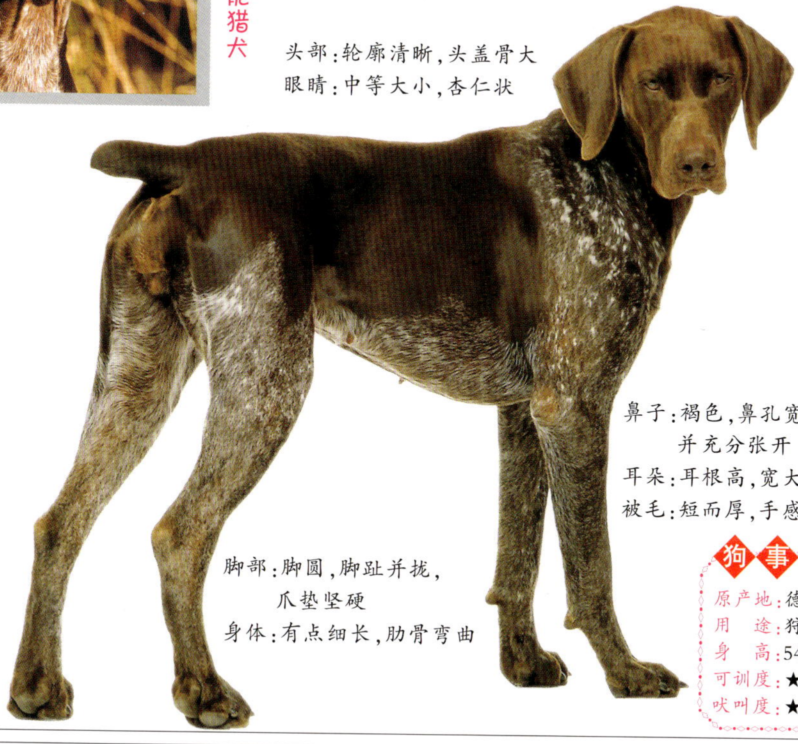

血统渊源 德国短毛指示猎犬通过与西班牙指示猎犬、英国猎狐犬和德国当地追踪犬的后代进行杂交繁殖，造就了这种犬卓越的野外工作能力。

犬种特征 轮廓鲜明的头部，有斜度的双肩，深深的胸部，充满力量的背部，强健的身躯，完美的骨骼结构，适合的尾形和紧凑的被毛，都显示出该犬种作为“全能犬”的优秀特质。

性格特点 该犬种具备了猎犬的优秀品质。不紧张、不轻率，友好、聪明、兴奋性高，对工作充满热情。

饲育要点 每天让它参加锻炼，每天刷毛 1 次。

狗事档案

原产地：德国	起源期：19 世纪
用　途：狩猎犬	体　重：20~32 千克
身　高：54~63 厘米	毛　色：白底夹肝色斑点
可训度：★★★★☆	友善度：★★★★☆
吠叫度：★★★★☆	流行度：★☆☆☆☆

德国硬毛指示猎犬

(*German Wirehaired Pointer*)

全天候猎犬

血统渊源 19 世纪后期，德国一些赛犬爱好者期望有一种多用途的指示犬，便把德国短毛指示犬、格里芬指示犬、卷毛指示犬和万能㹴交配，培育出了该犬种。1902 年德国成立了德国硬毛指示犬俱乐部。

犬种特征 肌肉发达，身材中等，相貌特别，身体均衡，体格强健。被毛硬而韧似金属线，对恶劣气候的抵抗力很强。

性格特点 性情沉稳，细心谨慎，意志坚强，对外界事物表现冷淡。对主人忠诚，对训练充满热情。

饲育要点 由于意志坚强，可能会有些顽固，需接受专门的训练；每天进行至少 2 次散步；每天刷毛 1 次，并检查耳朵。

狗事档案

原产地：德国	起源期：19 世纪
用　途：伴侣犬、狩猎犬	体　重：27~32 千克
身　高：61~66 厘米	
毛　色：肝色斑、白色斑、肝色带白色斑、纯肝色	
可训度：★★★★☆	友善度：★★★☆☆
吠叫度：★★★★☆	流行度：★☆☆☆☆

奇萨彼克寻猎犬

(Chesapeake Bay Retriever)

沼泽地带的狩猎者

血统渊源 该犬在美国佐治亚州奇萨彼克培育，在那里专门用来在沼泽地狩猎。有人认为该犬可能带有平毛寻猎犬、卷毛寻猎犬、水獭猎犬及爱尔兰猎犬的血统。

犬种特征 头宽而圆，颌部长直，适合衔起较大猎物。双层被毛，粗短、密实、纤细，呈波浪形，适合在冰冷等恶劣条件下工作。腿长，胸宽深，肩灵活，使该犬行动敏捷且具有耐力。

性格特点 聪明，乐于工作，行动谨慎，嗅觉敏锐，有保护欲望。

饲育要点 需要大的运动量；一定要勤梳理被毛。

狗事档案

原产地：美国	起源期：19世纪
用　途：猎犬	体　重：25~36千克
身　高：53~66厘米	毛　色：褐色、淡黄、金红
可训度：★★★☆☆	友善度：★★★☆☆
吠叫度：★★☆☆☆	流行度：★☆☆☆☆

血统渊源 英国最古老的寻回猎犬，由纽芬兰犬和爱尔兰水猎犬交配培育而成，其间也可能含有贵宾犬和拉布拉多猎犬的血统。

犬种特征 四肢较其他犬种高，身体挺立、匀称；头部细长，尾长适中，被毛为细致密实的卷毛。其天生的野外能力，结实的身体和坚强的性格，使其具有持续工作的能力。

性格特点 沉着、安静、友爱、勇敢、忍耐力强，是寻猎高手。

饲育要点 不适宜家中饲养，需大量的运动，定期让它到水中玩。定期刷毛。

狗事档案

原产地：英国
起源期：19世纪
用　途：伴侣犬、猎犬
体　重：32~36千克
身　高：59~69厘米
毛　色：红褐色、黑色
可训度：★★★★☆
友善度：★★★★☆
吠叫度：★★☆☆☆
流行度：★☆☆☆☆

卷毛寻猎高手

卷毛寻回猎犬

(Curly-Coated Retriever)

潇洒优雅的头号寻猎犬

顺毛寻回猎犬

(*Flat-Coated Retriever*)

血统渊源 英国血统，19 世纪它作为卷毛猎犬已经存在了。爱尔兰猎犬、纽芬兰犬和英国指示犬被认为有助于该犬种的发展；育种人员也为之增添了拉布拉多猎犬血统。1860 年首次亮相。

犬种特征 黑色轮廓，动作平稳而不费力；长而强壮、匀称而浑然一体的头部和丰富且具光泽的被毛为其显著特征。

性格特点 是人类快乐、忠诚的伙伴。勇敢、强健、精力充沛，干劲特别大，嗅觉特别灵敏，被称为“头号寻回犬”。

饲育要点 每天带它外出散步，每周刷毛 2 次，并经常检查耳朵。

狗事档案

原产地	英国	起源期	19 世纪
用　途	伴侣犬、猎犬、导盲犬		
体　重	25~35 千克		
身　高	56~62 厘米	毛　色	肝色、黑色
可训度	★★★★★	友善度	★★★★☆
吠叫度	★☆☆☆☆	流行度	★☆☆☆☆

英国塞特犬

(*English Setter*)

血统渊源 英国古老的猎犬型犬种，16 世纪被用来网捕猎鸟。有证据表明古老的英国塞特犬最初是来自于西班牙指示猎犬、大型水猎犬和激飞猎鹬犬的杂交品种。

犬种特征 该犬是优美、结实、匀称的猎犬。被毛平展，绒毛细长，步态自由平稳，向前跨度长，强健的后躯，沉稳的背中线，是力量、耐力、优雅和高贵的理想组合体。

性格特点 可爱、文雅、活泼，易于训练，在野外是一种十分理想的工作犬。

饲育要点 需要空间和训练，不喜欢受限制。每周刷毛 2 次，经常检查耳朵。

高贵漂亮的野外作业犬

狗事档案

原产地	英国	起源期	18 世纪
用　途	伴侣犬、猎犬	体　重	25~30 千克
身　高	61~69 厘米	毛　色	白底加各种斑块
可训度	★★★★☆	友善度	★★★★★
吠叫度	★★★★☆	流行度	★★☆☆☆

戈登塞特犬

(*Gordon Setter*)

充满智慧与威严

血统渊源 16 世纪中期在苏格兰培育。18 世纪晚期戈登公爵培育了与当代犬种相似的猎犬。有些人则认为英格兰和爱尔兰猎犬、柯利牧羊犬、寻血猎犬都曾被用于培育戈登塞特犬。

犬种特征 大小适中，身体结实，黑色带黄褐色的犬，肌肉骨骼发达，背强而短，肋骨扩张，尾短；头轮廓分明，毛色清晰，可整天在野外工作。

性格特点 机警、欢乐、兴奋、勇敢，爱挑衅，是极好的宠物犬。

饲育要点 需要空间和大量的训练，每天梳理被毛，定期检查耳朵。

狗事档案

原产地：英国
起源期：17 世纪
用　途：伴侣犬、猎犬
体　重：20~36 千克
身　高：58~69 厘米
毛　色：黑黄褐色
可训度：★★★☆☆
友善度：★★★☆☆
吠叫度：★★★★☆
流行度：★☆☆☆☆

田野猎犬 (*Field Spaniel*)

美丽与实用的结合体

血统渊源 有着与英国可卡犬同样的血统，然而田野猎犬要大一些，大小位于英国可卡犬与英国史宾格犬之间。苏塞克斯猎犬、英国史宾格犬、英国可卡犬，甚至可能巴色特猎犬都被用于培育该犬种。

犬种特征 身体匀称，大小适中，健康结实，被毛浓密，有一对皮厚而低的耳朵，非常适合在茂密植物丛中和水中活动，是一种生存力强的工作犬。姿态高贵，步姿优美，活动自如。

性格特点 异常温顺，聪明，敏感，爱独自玩耍，对陌生人反应冷淡。

饲育要点 不适宜室内饲养，需大量运动以保证健康；每周刷毛 1 ~ 2 次，经常检查耳朵。

狗事档案

原产地：英国　　起源期：19 世纪
用　途：伴侣犬、猎犬　　体　重：18~25 千克
身　高：43~46 厘米
毛　色：黑色、肝色、金肝色、花色
可训度：★★★☆☆　　友善度：★★★☆☆
吠叫度：★☆☆☆☆　　流行度：★☆☆☆☆

红色系品种

毛色高贵而典雅

爱尔兰塞特犬

(*Irish Setter*)

血统渊源 爱尔兰塞特犬早在18世纪初就受到了普遍关注，在接下来的100年时间里，它不仅在原产地爱尔兰，甚至在整个大不列颠群岛都赢得了很高的声誉。该犬有两个类型：单一红色、红色加白色类型。

犬种特征 该犬是具有贵族气质的鸟猎犬。被毛直而细，有光泽；耳部、胸部、尾部和腿后侧毛较长；犬只线条流畅，体态匀称，有艺术感，能勇敢面对挑战，在野外是行动敏捷的猎犬。

性格特点 头脑聪明，性情平和，可以作为表演犬。

饲育要点 需要接受大量的训练，使其身体和心理健康，每天刷毛1次，并经常检查耳朵。

具有贵族气质的野外猎犬

红白色系品种

狗事档案

原产地：爱尔兰	起源期：18世纪
用　途：伴侣犬、猎犬	体　重：27~32千克
身　高：64~69厘米	毛　色：红褐色、栗红色
可训度：★★★☆☆	友善度：★★★★☆
吠叫度：★★★★☆	流行度：★☆☆☆☆

英国史宾格犬

(*English Springer Spaniel*)

是众多陆地猎犬的祖先

血统渊源 该犬又被称为激飞猎犬，是最古老的长耳猎犬种之一，是现今许多陆地猎犬的祖先。它们的血统与许多的工作猎犬相同，直至19世纪后期，英国史宾格犬才与英国可卡犬划分成不同的品种。

犬种特征 结构紧凑，断尾；被毛适中，四肢、耳、胸部带有饰毛。垂耳，表情轻松柔和；躯干深；腿部强壮而且肌肉发达。它集美丽、实用为一体，是能区分猎物的地道猎犬。

性格特点 勇敢、友好，易训化，非常顺从，记忆力强，是很聪明的犬。

饲育要点 不适宜室内饲养，需空间和大量的训练，每周刷毛2次。

狗事档案

原产地：英国
起源期：17世纪
用　途：猎犬
体　重：18~22千克
身　高：48~51厘米
毛　色：黑色或肝色带白、蓝色或肝色、三色
可训度：★★★★★
友善度：★★★★☆
吠叫度：★★★☆☆
流行度：★★☆☆☆

克伦伯猎犬

(*Clumber Spaniel*)

血统渊源 它被认为是古老的猎犬之一，是因特殊用途发展而来，有人说它的原产地是法国。它那长而矮的身体有巴吉度的血源，沉重的头部则含有一种高山猎犬的血统。

犬种特征 克伦伯猎犬其身子长，体很重且低矮。其稠密的眉毛、深深的胸、断了的尾、有力的后脚、壮硕的骨骼及较低的重心，能使脚步声消失，使其更容易在茂密的树林中追捕到猎物。

性格特点 对主人忠实又温和，对陌生人持有戒心。

饲育要点 需要较多的运动，需常刷毛。

密林中的冷面杀手

狗事档案

原产地：英国　　起源期：19世纪
用　途：伴侣犬、猎犬　　体　重：25~39千克
身　高：44~51厘米
毛　色：白色带柠檬色或橙色斑点
可训度：★★★☆☆　　友善度：★★★☆☆
吠叫度：★★☆☆☆　　流行度：★☆☆☆☆

爱尔兰水猎犬
(*Irish Water Spaniel*)

水边野生鸟类的终结者

血统渊源 爱尔兰水猎犬是在19世纪时由贵宾犬、爱尔兰蹲猎犬以及可能的须鬣犬培育而成。有些人认为该犬种是葡萄牙水犬的近亲同类。1862年爱尔兰水猎犬首次在伯明翰亮相，1890年成立第一个俱乐部。

犬种特征 全身长满卷毛，尤其是头顶部长满了松松卷曲的长冠毛。老鼠一样的尾巴，长5~8厘米。体形修长，非常聪明，耐力强，不知畏惧，充满好奇心。

性格特点 精力充沛、活跃、热情，不屈不挠，忍耐力强。嗅觉灵敏，擅长猎取野生鸟类，是好的驱逐犬，适应在水中活动。

饲育要点 需要宽广的空间和大量的训练，一周2次梳毛，并应经常检查耳朵。

狗事档案

原产地：英国	起源期：19世纪
用　途：猎犬、伴侣犬	体　重：21~29千克
身　高：53~61厘米	毛　色：深红褐色
可训度：★★★★☆	友善度：★★★☆☆
吠叫度：★☆☆☆☆	流行度：★☆☆☆☆

威尔士史宾格犬
(*Welsh Springer Spaniel*)

血统渊源 该犬种又被称为威尔士激飞猎犬。其起源十分久远，有很长一段时间英国史宾格犬和威尔士史宾格犬是一种相同的犬种，直到20世纪这两种犬才出现差异。

犬种特征 体形大小适中，骨骼无粗糙之感，结构紧凑，颈部为长拱形，身背水平，腰稍微弯曲，肌肉厚实，断尾，能在任何场所工作，是非常优秀的水犬。

性格特点 快乐、和善，但意志坚强和顽固，不好斗，可作为相当不错的宠物犬。

饲育要点 每周2次刷毛，需经常照料耳朵。

能在任何场所工作的水犬

狗事档案

原产地：英国	起源期：17世纪
用　途：伴侣犬、猎犬	体　重：16~20.5千克
身　高：46~48厘米	毛　色：红色夹白色
可训度：★★★★☆	友善度：★★★★☆
吠叫度：★☆☆☆☆	流行度：★☆☆☆☆

维兹拉犬(*Vizsla*)

草原上悄无声息的猎手

血统渊源 维兹拉犬的祖先是1000多年以前，群迁到中欧并定居于现在匈牙利的北方麦尔游牧部落的猎犬和伴侣犬。19世纪以后，又加入了指示犬的血统，该犬种变成更优秀的猎犬。

犬种特征 颈呈拱形；背短，从腰部到尾端稍呈圆形；根部较粗，断尾1/3；被毛短，为纯金锈色。在无法隐身的草原上，该犬具备接近猎物而不被发觉的能力。外观优雅，有良好的嗅觉。

性格特点 活泼、温和，富于柔情而敏感，能锲而不舍地进行追踪，并热心拾取物品。

饲育要点 需较大的运动量，冬季要注意保温。动作协调性强，易于训练。

狗事档案

原产地：匈牙利
起源期：19世纪30年代
用　途：伴侣犬、猎犬
体　重：22~30千克
身　高：53~61厘米
毛　色：带铁锈色的金色
可训度：★★★★☆
友善度：★★★☆☆
吠叫度：★★☆☆☆
流行度：★☆☆☆☆

索塞克斯猎犬
(*Sussex Spaniel*)

密林中猎人的最佳拍档

血统渊源 19世纪在索塞克斯培育，由各种西班牙猎犬杂交育成，包括英国史宾格猎犬，以及后来的克伦伯猎犬。该犬种1862年在伦敦首次亮相，1895年得到官方认可。

犬种特征 身体强壮，精力充沛，活跃，不屈不挠，嗅觉灵敏。追踪沉着，缓慢，一见到逃跑的猎物便发出声音，在所有西班牙猎犬中最富于声响，特别擅长狩猎雉鸟和山鹑。

性格特点 精力充沛，不屈不挠，安静，欢乐而温顺，能和主人友好相处。

饲育要点 需要空间和训练，每天梳理被毛1次，经常照料耳朵。

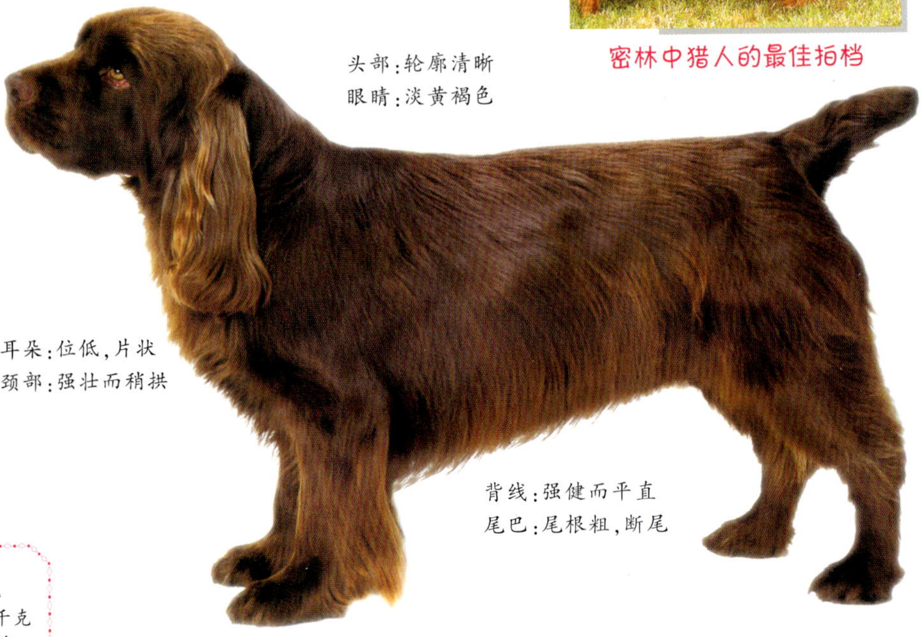

狗事档案

原产地：英国　　起源期：19世纪
用　途：伴侣犬、猎犬　　体　重：16~21千克
身　高：33~38厘米　　毛　色：金红褐色
可训度：★★★★☆　　友善度：★★★☆☆
吠叫度：★★★☆☆　　流行度：★☆☆☆☆

气质优雅的狩猎伙伴

短毛种

短毛种魏玛犬被毛短而密，十分粗，平整，没有或极少有下毛。

魏玛犬（*Weimaraner*）

血统渊源 它的培育历史较短。19世纪，德国魏玛地方的贵族融合多种猎犬的优点，培育出了这种犬，它和德国短毛指示犬、英国指示犬、血猩都有血缘关系。魏玛犬分为短毛种和长毛种。

犬种特征 结构匀称，肌肉发达，轮廓分明，毛皮结实、紧密，步伐大，步态轻松。具有敏锐的嗅觉，快速、勇气、知性、斗志、警戒心等猎犬所需要具备的能力，显示出在野外以巨大速度和耐力工作的能力。

性格特点 喜欢与人亲近，十分偏好护卫和防卫，是顺从的犬。

饲育要点 适应室内生活，每天需要散步，经常刷毛，并检查耳朵。

长毛种

长毛种魏玛犬较少，它被毛柔软，有或没有下毛。平滑并微微呈波浪形。有腿鬃和边毛，尾巴有漂亮的尾毛。

狗事档案

原产地：	德国	起源期：	19世纪
用　途：	伴侣犬、猎犬、看门犬和护卫犬		
体　重：	32~39千克	身　高：	59~69厘米
毛　色：	银灰、棕灰、鼠灰		
可训度：	★★★★★	友善度：	★★★★☆
吠叫度：	★★★★☆	流行度：	★★☆☆☆

硬毛指示格里芬犬

(*Wirehaired Pointing Griffon*)

猎人的最佳拍档

血统渊源 由荷兰养犬大师科沙尔斯培育。1874年开始通过选种、近亲交配和交配的方式让这古老的犬种得到再生。该犬种与德国指示犬、西班牙猎犬和须列犬有血缘关系。

犬种特征 是一种中型犬，具有高贵而方形的头部，四肢强健，步态轻盈而迅捷，被毛硬而粗糙，精力充沛、勇敢、充满热情，嗅觉灵敏，能穿越猎人通过的所有地形。

性格特点 温和、亲切，对主人亲热至极，是出色的家庭犬以及精细的狩猎伴侣。

饲育要点 每天需要大量的训练，每天刷1次毛，并经常检查耳朵。

狗事档案

原产地：法国	起源期：19世纪
用　途：玩赏犬、猎犬	体　重：21~25千克
身　高：51~61厘米	
毛　色：钢灰色带棕色、单一棕色、红棕色	
可训度：★★★★★	友善度：★★★★☆
吠叫度：★☆☆☆☆	流行度：★☆☆☆☆

美国水猎犬

(*American Water Spaniel*)

血统渊源 该犬种在威斯康星州培育，祖先被认为是爱尔兰水犬，不过美国水猎犬更小。卷毛寻回犬和田野小猎狐犬被用来培育该犬种，1940年得到美国养犬俱乐部的认可。

犬种特征 美国水猎犬有着和身体保持平衡的头部。脑袋非常宽，很丰厚、饱满；体格结实，匀称，高贵；被毛十分紧密，卷毛，有着非常漂亮的波浪。擅长猎取鸟类，是游泳高手，同时也被用作寻回犬。

性格特点 表情非常警觉，时刻保持自信，聪明伶俐，精力充沛，忍耐力强。

饲育要点 需要空间和大量的训练，每天刷毛和梳毛。

狗事档案

原产地：美国	起源期：20世纪初
用　途：伴侣犬、猎犬	体　重：11~21千克
身　高：38~46厘米	
毛　色：红褐色、棕色、深巧克力色	
可训度：★★★★★	友善度：★★★☆☆
吠叫度：★☆☆☆☆	流行度：★☆☆☆☆

游泳高手

猎犬品种

Hound Group

猎犬品种也有人称为群猎犬种。狗最早协助人类完成的工作就是狩猎，所以很多猎犬都是非常古老的犬种。另外，狩猎犬还是枪猎犬的祖先，也可以说，在人类发明猎枪之后，很多的狩猎犬才“转业”成为了枪猎犬。猎犬包括追踪猎犬和视觉猎犬。追踪猎犬会闻猎物的气味，然后进行追踪。视觉猎犬是用敏锐视力发现猎物，再以速度和耐力进行追逐，因为要快速追猎物，所以这类猎犬大都体形修长，脚也较长。猎犬有强烈狩猎本能，很聪明，协调性强。

Basset Hound

Afghan Hound

Dachshund

Beagle

Greyhound

Whippet

Basenji

Black and Tan Coonhound

Bloodhound

Borzoi

American Foxhound

Harrier

English Foxhound

Irish olfhound

Ibizan Hound

Otterhound

Norwegian Elkhound

Petit Basset Griffon Vendeen

Pharaoh Hound

Rhodesian Ridgeback

Saluki

巴吉度猎犬

(*Basset Hound*)

超级卡通的形象惹人怜爱

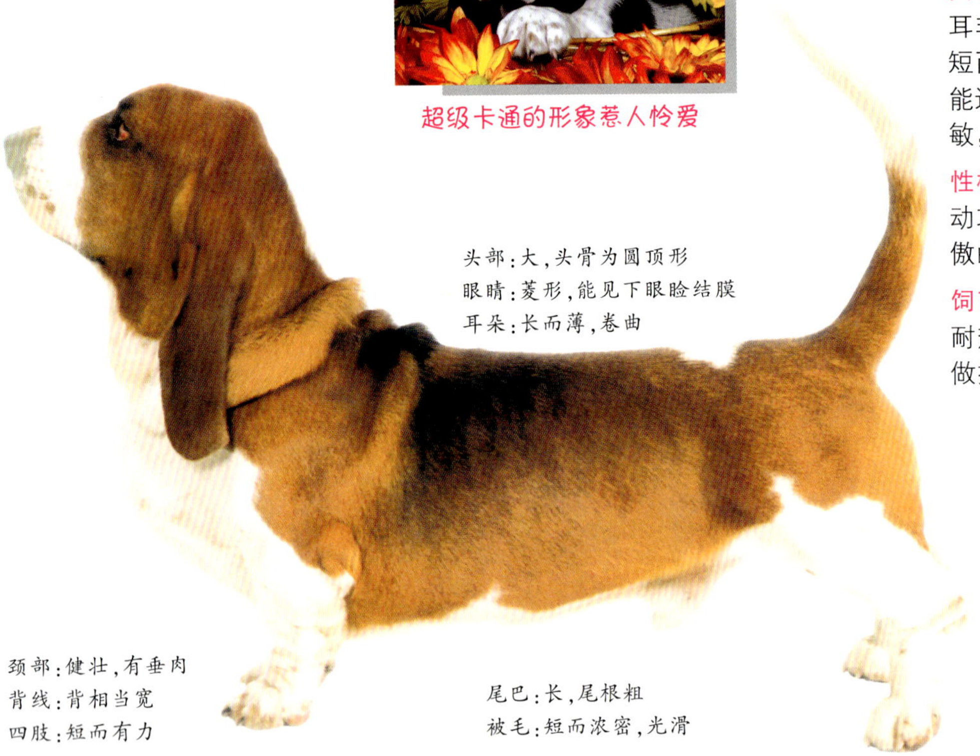

血统渊源 该犬又称为巴色特猎犬，它起源于法国，是古老而高贵的品种，主要用于追踪兔子及鹿等猎物。

犬种特征 该犬种身长腿短。耳非常长，拉开长过吻尖。脚短而粗壮，在丛林或荒地都能迅速前进，不笨拙。嗅觉灵敏，声音低沉，耐力很好。

性格特点 友善温和，从不主动攻击；头脑聪明，是家庭骄傲的朋友。

饲育要点 注意营养；不是很耐热；定期刷毛并对眼和耳做护理。

狗事档案

原产地：法国
起源期：16 世纪
用　途：伴侣犬、猎犬
体　重：18~27 千克
身　高：33~38 厘米
毛　色：黑色、褐色、白色、柠檬色加白色
可训度：★★★☆☆
友善度：★★★★★
吠叫度：★☆☆☆☆
流行度：★★★☆☆

阿富汗猎犬

(*Afghan Hound*)

血统渊源 该犬的祖先被认为是从波斯（伊朗）带入阿富汗，可能在阿富汗形成了长被毛。作为阿富汗王室的宠物犬，该犬种在 1890 年左右第二次阿富汗战争后由英国士兵带到美国。

犬种特征 前部挺立，骄傲地昂起头，超然凝视着远方，显得极为高贵。如丝缎般长而蓬松的细毛覆盖全身，展现出如贵族般的高雅及威严，充满着异国情调。

性格特点 活泼、敏感，感情不很外露，不喜欢受到烦扰，对陌生人冷淡，甚至高傲。

饲育要点 适合室内饲养，需要稍大的空间，每天梳理被毛，1 个月洗 1 次澡。

洋溢着异国情调的中东贵族

狗事档案

原产地：阿富汗　　起源期：古代/17 世纪
用　途：伴侣犬、猎犬　　体　重：23~27 千克
身　高：64~69 厘米　　毛　色：任何颜色
可训度：★★☆☆☆　　友善度：★★★☆☆
吠叫度：★☆☆☆☆　　流行度：★★★☆☆

勇敢的“地下工作者”

头部：逐渐变细，直至鼻尖
眼睛：略呈杏仁形，棕色
耳朵：长而薄，耳位高
鼻子：黑色，张开
牙齿：剪状咬合

被毛：柔滑，平整
身体：低矮，肌肉结实
脚部：结实，大而圆

短毛腊肠犬

毛发短，平滑而有光亮，既不长也不厚。

腊肠犬

(*Dachshund*)

血统渊源 腊肠犬又叫猎獾犬，用于跟踪獾到洞穴，具体起源时间不清楚，其光毛型是最早的一个品种，通过光毛种又得到了刚毛和长毛型这两个品种。17 世纪长毛种的类型便已固定下来。硬毛种是在 19 世纪晚期培育而成的。

犬种特征 身体接近地面，体长腿短，强壮，肌肉发达，行动敏捷，叫声响亮，头骄傲地抬起，具有勇敢自信的头部姿态和聪明警惕的面部表情。

性格特点 聪明、活泼、勇敢，不瞻前顾后，耐力极好。短毛型精力最充沛；硬毛型最质朴，最有猎性；长毛型最为沉稳。

饲育要点 因体长，要避免过胖。硬毛型和长毛型需定期刷毛和梳毛。

狗事档案

原产地	德国	起源期	20 世纪
用　途	伴侣犬、猎犬、护卫犬		
体　重	6.5~9 千克(标准型)；4~5 千克(迷你型)		
身　高	13~25 厘米	毛　色	各种颜色
可训度	★★★☆☆	友善度	★★☆☆☆
吠叫度	★★★★☆	流行度	★★☆☆☆

硬毛腊肠犬

全身覆盖着均匀紧密、短、厚、粗糙而坚硬的外皮毛，面部胡须和眉毛较多，耳朵的毛发比身体上的毛发短。

有光滑闪亮、成波状的柔软毛发，看起来十分优雅。

长毛腊肠犬

比格犬(*Beagle*)

来自英国的小淘气

血统渊源 非常古老的品种,3 世纪的苏格兰吟游诗人奥西恩就曾提起过它。在 1860 年左右被首次引进法国,1914 年成立了一个法国比格犬俱乐部。此犬适合各种各样的主人,因此成为世界上最广为人们喜爱的猎犬。

犬种特征 体形小巧玲珑,头骨长,头顶部略圆,耳长而低垂,有短厚毛;眼睛褐色,表现出温柔、快乐的样子。有悦耳的叫声,追踪猎物的效率高,在追踪时经常会发出声音。

性格特点 快乐、勇敢、活跃,有时有点淘气,是非常好的家庭宠物犬。

饲育要点 需要大量的空间及运动。每周刷毛 1~2 次,耳朵要定期护理。

狗事档案

原产地:英国	起源期:14 世纪
用　途:伴侣犬、猎犬	体　重:15~20 千克
身　高:33~40 厘米	毛　色:白色、黑色、黄褐色
可训度:★★☆☆☆	友善度:★★★★★
吠叫度:★★★★☆	流行度:★★☆☆☆

灵缇(*Greyhound*)

血统渊源 该犬有着丰富的文化与贵族背景。它是古埃及皇室的宠物,并一直生活在奢华的环境中。1016 年,英国法律有一项规定:身分低的人不能饲养灵缇。由此可知,灵缇在世界各地都是高层阶级的代表。

犬种特征 如光线般迅速,如燕子般优美。结实,站姿稳健,匀称,肌肉发达。灵缇活动十分有力,高雅,有耐力,是世界上奔跑最快的视猎犬,速度能够达到 70 千米/小时。视力很好,是第一流的猎犬和追猎犬。

性格特点 友爱,温和,聪明,脾气好,对饲主非常顺从。

饲育要点 每天让它外出跑步,每天为它刷毛 1 次。

狗事档案

原产地:英国	起源期:古代
用　途:伴侣犬、竞赛犬、猎狗	
体　重:27~32 千克	身　高:68~76 厘米
毛　色:任何色带有条纹或白色斑点	
可训度:★★★★☆	友善度:★★★★☆
吠叫度:★☆☆☆☆	流行度:★★★☆☆

世界上最快的视猎犬

惠比特犬

(Whippet)

流线型的身体使其具有极为快捷的速度

血统渊源 大约一个世纪前在英国培育，取代狐㹴用来猎兔。该犬种由各种㹴与灵缇杂交育成。曾经用于矿工们举行的竞技活动中。该犬种1902年在英国得到认可。

犬种特征 中等体形，姿态优美，高雅，强壮，肌肉发达，跨步大，力量和平衡性好，是世界上最快捷的视猎犬之一，能够以12秒的时间跑完180米。

性格特点 十分友爱、聪明，对孩子温和，但运动时高度兴奋，是极好的宠物犬。

饲育要点 需大量训练保持身体健康，需注意防寒。十分爱干净，1周刷毛1~2次。

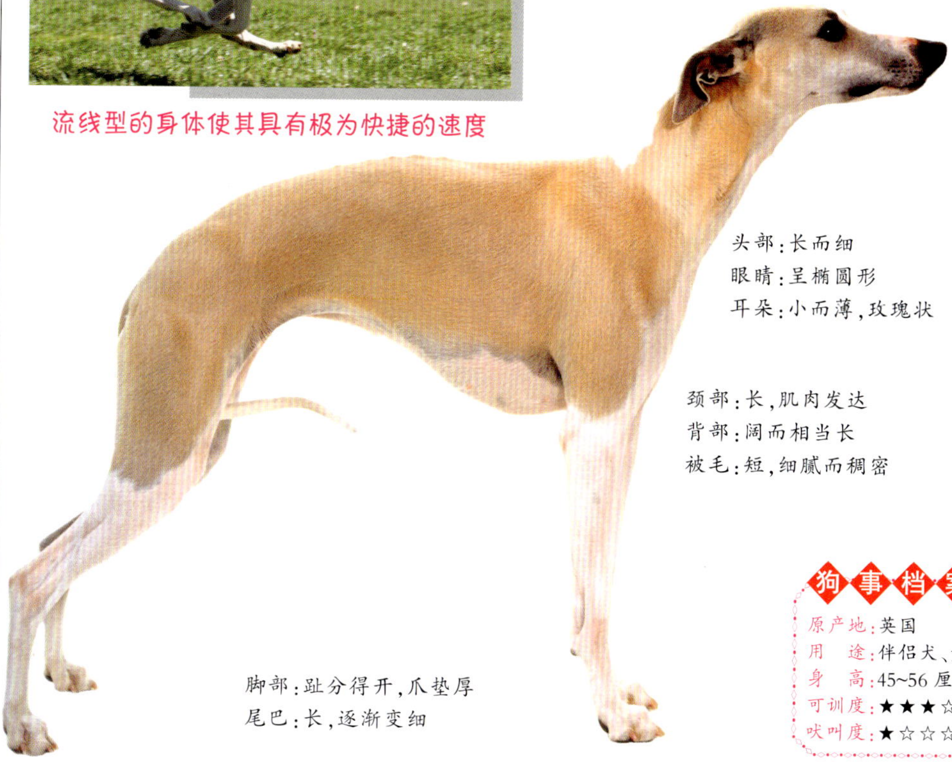

狗事档案

原产地：英国	起源期：19世纪
用　途：伴侣犬、竞技犬	体　重：12~13千克
身　高：45~56厘米	毛　色：任何颜色或复合色
可训度：★★★☆☆	友善度：★★★★☆
吠叫度：★☆☆☆☆	流行度：★★☆☆☆

贝生吉犬

(Basenji)

血统渊源 该犬起源于刚果，是世界上最老的犬种之一。它以当地的俾格米部落名命名，意为“丛林人”。在非洲，该犬被作为丛林向导，猎捕小型猎物并看护村庄。

犬种特征 金黄色的身躯使其显得非常高贵。额头有纵向的深纹，颈部呈拱形，背短体轻，尾巴卷曲在较高的位置。当其开心时会真假声互换表达喜悦之情。

性格特点 坚强活泼，独立稳定，感情丰富，警惕性高，对孩子殷勤爱慕。

饲育要点 无体臭，不喜独处，每天让它外出散步，每天修整被毛1次。

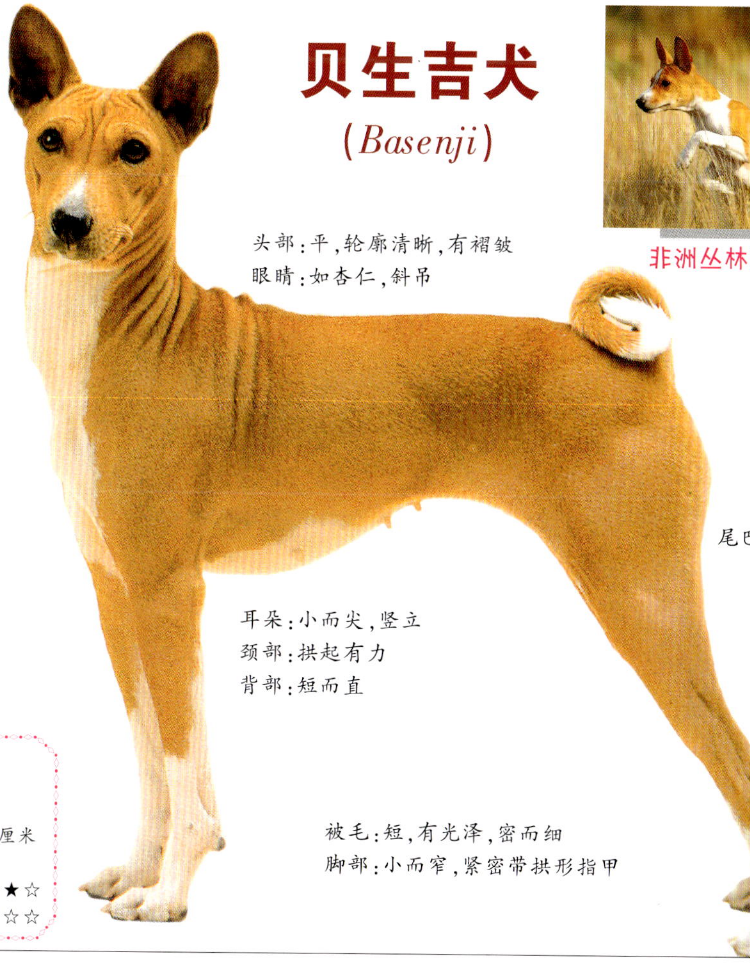

非洲丛林的向导犬

狗事档案

原产地：非洲（刚果）	起源期：古代
用　途：伴侣犬、猎犬、护卫犬、役用犬	
体　重：9.5~11千克	身　高：40~43厘米
毛　色：栗红色、纯黑、白色	
可训度：★★★☆☆	友善度：★★★★☆
吠叫度：★★☆☆☆	流行度：★☆☆☆☆

黑褐色猎浣熊犬

(Black and Tan Coonhound)

擅长将猎物赶上树的犬

血统渊源 起源相当古老，是寻血猎犬和猎狐犬交配产生的。1945 年，美国养犬俱乐部承认了此品种。

犬种特征 脚长短适中，走路强而有力，具有节奏感。犬如其名，毛色是如炭一般的黑色。借着敏锐的嗅觉发现浣熊或猎物时会大声吠叫，通知猎者。耐寒也耐暑，可奔驰于沙漠和荒野之中。

性格特点 机警、活泼，非常吃苦耐劳，能与人类和睦相处。

饲育要点 具有强韧的生命力，易于饲养，记得要定期刷毛。

头部：整洁，轮廓清晰
眼睛：呈圆形，褐色
耳朵：长而下垂
颈部：长度适中，倾斜
背部：平坦、有力而强壮

尾巴：有力，根部略低于背线水平线
被毛：短而浓密

狗事档案

原产地：美国
起源期：11 世纪
用　途：伴侣犬、猎犬
体　重：26~35 千克
身　高：58~69 厘米
毛　色：黑色为主，有棕褐色斑
可训度：★★★☆☆
友善度：★★★☆☆
吠叫度：★★★★☆
流行度：★☆☆☆☆

寻血猎犬

(Bloodhound)

血统渊源 这是最古老的犬种之一，公元前 3 世纪便有该犬种的记载，在地中海国家享有盛名。现在其模样已经有了很大的改变，但是其敏锐的嗅觉却保持不变。

犬种特征 皮毛薄而蓬松，头部皮肤松垮，喉袋悬垂，好似上了年纪。其嗅觉出类拔萃，它追踪的证据在法庭上常被认可。其别名“血犬”，不会因血腥味而逃逸。

性格特点 生性羞怯、敏感，外表威严，但内心慈祥，易驯养，对主人忠心耿耿。

饲育要点 每天带它出去散步，定期刷毛，避免太胖。

其追踪的证据常被法庭认可

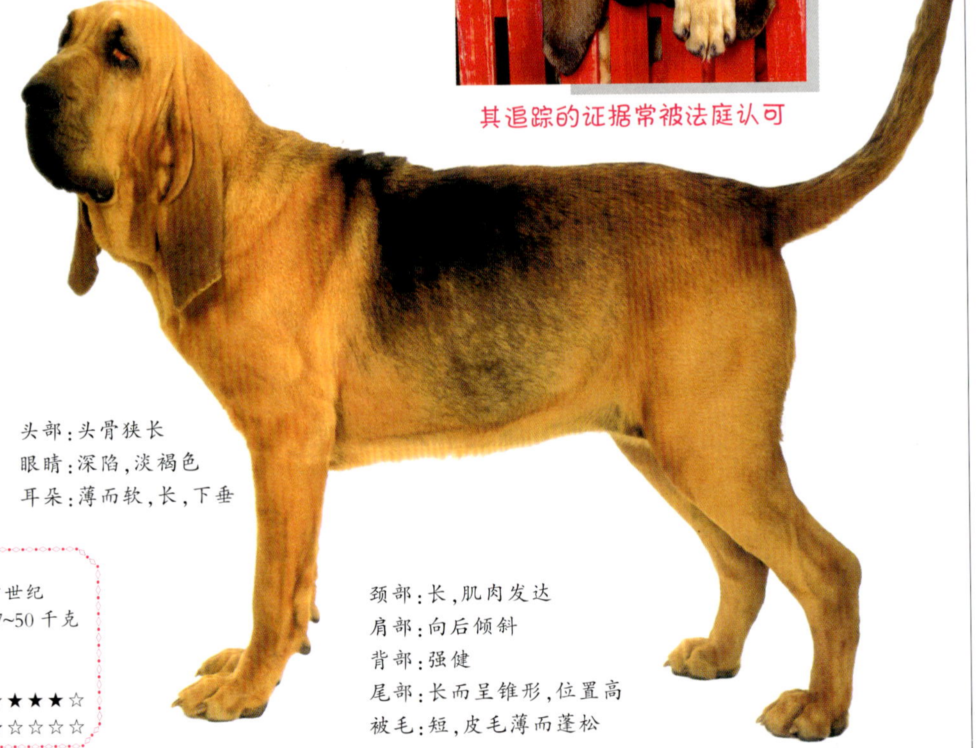

头部：头骨狭长
眼睛：深陷，淡褐色
耳朵：薄而软，长，下垂

颈部：长，肌肉发达
肩部：向后倾斜
背部：强健
尾部：长而呈锥形，位置高
被毛：短，皮毛薄而蓬松

狗事档案

原产地：比利时　起源期：中世纪
用　途：追踪、伴侣犬　体　重：37~50 千克
身　高：58~69 厘米
毛　色：红褐色、黄褐色、黑褐色
可训度：★★☆☆☆　友善度：★★★★☆
吠叫度：★☆☆☆☆　流行度：★☆☆☆☆

散发贵族气息的俄罗斯大奔

俄罗斯狼犬

(*Borzoi*)

血统渊源 该犬可能由亚洲灰狗与北方雷卡犬或萨路基猎犬与俄国牧羊犬杂交，或者由阿拉伯灵猩和本土长毛犬杂交育成。

犬种特征 此犬种是靠眼力追猎，而不是靠嗅觉。因此该犬有着完美的行走结构，有着健壮的颈部和颌，有着流畅的线条。它全身有绒绒的细长毛，擅长猎取野兔、狐狸和狼。

性格特点 强壮、热情、勇敢，对主人非常亲；需进行适当的训练。

饲育要点 需要宽广的空间和大量的训练。一周刷毛 2～3 次。

狗事档案

原产地：俄罗斯		起源期：中世纪	
用　途：伴侣犬、猎犬、看守狗			
体　重：35~48 千克			
身　高：66~79 厘米		毛　色：任何颜色	
可训度：★★★★☆		友善度：★★★★☆	
吠叫度：★★★☆☆		流行度：★★☆☆☆	

血统渊源 大约 1650 年，英国猎狐犬被一位英国的育犬人引进到美国。这个品种又与英国、法国和爱尔兰猎犬交配。美国猎狐犬可能就是最早的美国猎犬，它产生的很多分类能猎狐狸和大型猎物。1894 年被美国养犬俱乐部承认。

犬种特征 中长身体，肌肉坚实，耳下垂，腿较长，所以显得修长。

性格特点 有好听的声音，灵敏的鼻子，性格活泼、大胆，对饲主很顺从，是优秀的伴侣犬。

饲育要点 让它适当地锻炼，并定期刷毛。

狗事档案

原产地：美国	起源期：19 世纪
用　途：伴侣犬、猎犬	体　重：30~34 千克
身　高：53~64 厘米	毛　色：各种颜色
可训度：★★☆☆☆	友善度：★★★★☆
吠叫度：★☆☆☆☆	流行度：★☆☆☆☆

狐狸终结者

美国猎狐犬

(*American Foxhound*)

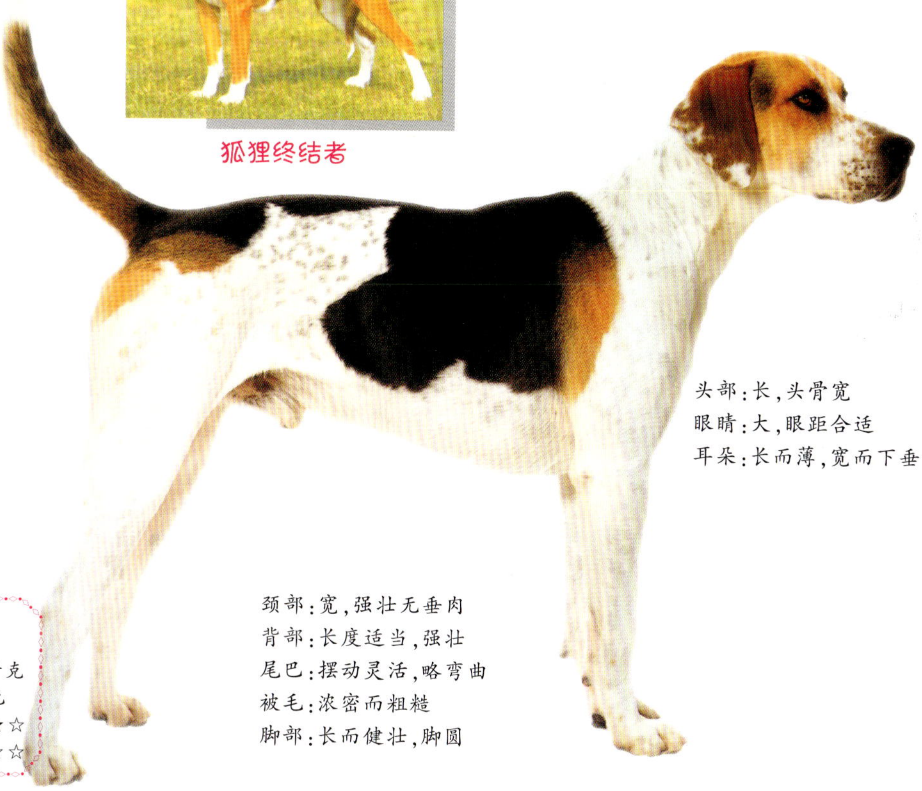

猎兔犬（*Harrier*）

擅长以嗅迹跟踪野兔

头部：长，头骨平
眼睛：椭圆，中等大小
耳朵：位置高，紧贴面颊

颈部：长而强壮
背线：平坦
四肢：腿强健
脚部：不太紧密，也不太圆
尾巴：长，位置高，尖端呈锥形
被毛：短而坚硬，浓密，有光泽

血统渊源 猎兔犬是出生在英国南部的古老犬种，是其他的老英国嗅猎犬包括塔伯特猎犬、老南方猎犬的近表兄弟，有一点猎狐犬的血统。

犬种特征 身体十分健壮、匀称，相对于其体形来说具有较大的骨骼，鼻子灵敏，耐力极好，声音非常有共鸣，常用作以群猎方式追猎野兔。行走与嗅迹能力强，是英国猎狐犬的“小型版本”。

性格特点 友好和善，活泼，快捷，作为群猎犬，能与其他猎犬一起很好地工作。

饲育要点 让它多加强锻炼，定期为它刷毛。

狗事档案

原产地：英国
起源期：古代
用　途：猎犬
体　重：20~25千克
身　高：45~51厘米
毛　色：任何颜色
可训度：★★★☆☆
友善度：★★★★☆
吠叫度：★☆☆☆☆
流行度：★☆☆☆☆

英国猎狐犬（*English Foxhound*）

血统渊源 在15世纪的英国，捕猎狐狸盛极一时，因此有人开始培育更快速的猎犬以满足需要，于是进口了很多法国猎犬用于改良当地的猎犬，使之得以繁殖进化。

犬种特征 有副好嗓子和灵敏的鼻子，脖长，腰长，大腿肌肉发达，水性好，有地毯样的皮毛。速度快，耐力好，不知疲倦，数小时内保持极快的步伐直至终点。

性格特点 强健，勇敢，活泼，大胆，对主人顺从。

饲育要点 不喜欢独自呆，适合一窝养。接受严格的训练，并定期刷毛。

再狡猾的狐狸也逃不过它的爪心

头部：丰满，不笨重
眼睛：圆，棕色
耳朵：位置低，紧贴面颊

颈部：长而无节
背部：圆，平坦
四肢：长，腿粗壮
脚部：圆，趾紧密
尾巴：呈锥形，有须边
被毛：短，硬而浓密，有光泽

狗事档案

原产地：英国　起源期：15世纪
用　途：猎犬　体　重：30~35千克
身　高：53~64厘米　毛　色：白色、棕褐色、黑色
可训度：★★☆☆☆　友善度：★★★★☆
吠叫度：★☆☆☆☆　流行度：★☆☆☆☆

爱尔兰猎狼犬

(*Irish Wolfhound*)

集力量与敏捷于一身

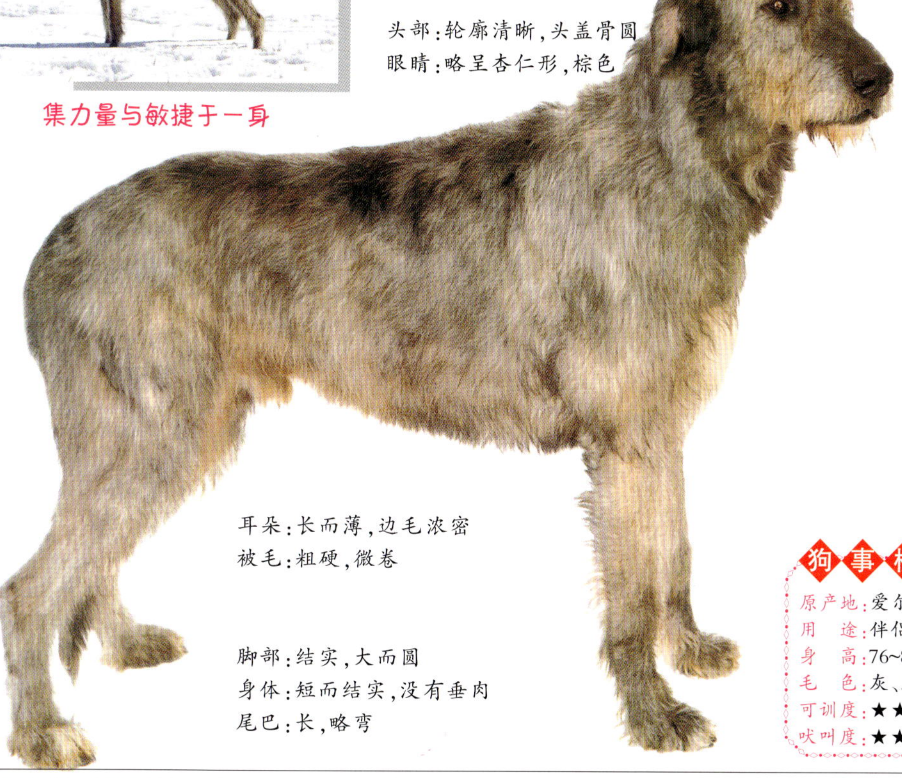

血统渊源 世界上最大的视猎犬,祖先可能是凯尔特人带入爱尔兰的犬种或者爱尔兰本国土生土长的老式犬种。该犬可能有猎鹿犬、大丹狗、俄罗斯狼犬等血统。

犬种特征 颈部长,身体十分强壮,肌肉发达,背部及尾相当长,高大的身躯由粗毛覆盖,脸部也有毛。与大丹狗一样,是世界上最大的犬之一。

性格特点 勇敢,有着惊人的体力和力量。对孩子温和,对主人亲热至极。

饲育要点 不适应城市里饲养,每天需要相当大的运动量,1 周 1 次刷毛即可。

狗事档案

原产地:爱尔兰	起源期:古代
用　途:伴侣犬、猎犬	体　重:41.5~55 千克
身　高:76~82 厘米	
毛　色:灰、灰斑纹、红色、黑色、纯白、淡黄褐色等	
可训度:★★★☆☆	友善度:★★★☆☆
吠叫度:★★☆☆☆	流行度:★☆☆☆☆

伊比莎猎犬

(*Ibizan Hound*)

法老王的御用猎犬

血统渊源 历史可追溯到公元前 3400 年,据说只有古埃及的法老王狩猎时才使用这种狗。该犬是由古代的海洋民族腓尼基人将其带到西班牙伊比莎岛的。有两种类型:短毛和硬毛。

犬种特征 猎犬轮廓分明,大而直立的耳朵与浅色毛形成独特的外观。身体结实,强壮有力,具有顶级猎犬的速度、柔韧性与不寻常的灵活性,跳跃的高度与长度也很惊人。

性格特点 性情平和,富有感情而且忠诚。聪明易训,在野外会表现出急切的捕猎天性。

饲育要点 多带它到户外运动,每天刷毛 1 次。

狗事档案

原产地:巴利阿里群岛	起源期:古代
用　途:伴侣犬、狩猎犬	体　重:19~25 千克
身　高:57~70 厘米	
毛　色:白色、红色(从浅色、橘红铁锈色到深红色)	
可训度:★★★★☆	友善度:★★★☆☆
吠叫度:★★☆☆☆	流行度:★☆☆☆☆

猎獭犬
(*Otterhound*)

浓密的硬毛能适应恶劣的环境

头部：头大，狭窄
眼睛：深陷
耳朵：下垂，有边毛
颈部：长而有力
背部：背宽，轮廓线较平直
四肢：直而骨骼强壮
脚部：大，圆，紧密

尾巴：根粗，逐渐变细
被毛：浓密、厚实，硬且防水

血统渊源 这种大型的毛发蓬乱的狗的祖先可能是南方猎犬和威尔士猎犬，后又接受了刚毛㹴犬和哈里亚犬的血统。猎獭犬过去用于猎水獭。

犬种特征 身体强壮而威严，长方形的体形，长有浓密坚硬的硬毛和像蹼一样的脚掌，擅长游泳，能适应各种恶劣的环境。有着异常灵敏的嗅觉，可以轻易地追踪各种气味。

性格特点 和蔼可亲，脾气平和，非常爱热闹，能与小孩及其他动物融洽相处。

饲育要点 多带它外出锻炼，每周刷毛1次。

狗事档案

原产地：英国　起源期：古代
用　途：伴侣犬、猎犬　体　重：36~52千克
身　高：61~69厘米
毛　色：白色、灰色、大理石色、红色、小麦色和蓝色
可训度：★★★☆☆　友善度：★★★★☆
吠叫度：★★★☆☆　流行度：★☆☆☆☆

血统渊源 该犬起源于挪威，是北欧海盗的伙伴，是颇为强悍的猎犬，专猎大型猎物如鹿、麋鹿、熊和狼，动作敏捷，毫不犹豫。该犬种于1877年首次参加展出。

犬种特征 中等身体，四方轮廓，头宽耳立，被毛浓密平顺，尾卷曲于后背，该犬属运动型犬，勇敢，耐力强；它嗅觉特别灵敏，能嗅识数千米之外的鹿，会用多种吠声来传达信息。

性格特点 独立，但却非常友善和安静，热爱主人，对其他狗具有攻击性。

饲育要点 不适合城市饲养，需要大量空间来释放能量。每日需刷洗和梳毛。

头部：宽，楔形
眼睛：卵圆形
耳朵：直立，尖形
颈部：强健无垂肉
背部：直而宽

脚部：椭圆形，脚趾紧密
尾巴：高耸，卷曲于背部
被毛：浓密而硬

北欧海盗们的伙伴

狗事档案

原产地：挪威
起源期：古代
用　途：伴侣犬、牧羊犬、雪橇犬、役用犬、警犬
体　重：22~25千克
身　高：49~52厘米
毛　色：黑色、灰色
可训度：★★★★☆
友善度：★★★★☆
吠叫度：★★★☆☆
流行度：★☆☆☆☆

挪威猎麋犬
(*Norwegian Elkhound*)

小型格里芬巴塞特犬

(*Petit Basset Griffon Vendeen*)

有着一种粗犷美

头部：长宽比为 2:1

眼睛：大，有光泽

耳朵：窄，柔软，下垂

颈部：长而有力

背部：修长，像狮子一般

被毛：粗糙

脚部：有小小的垫，脚趾短而有力

尾巴：有力，有饰毛，立起时像马刀

血统渊源 它的历史可追寻到 16 世纪，法文中的名字体现了它的特征，Petit 即小，Basset 即贴近地面，Griffon 即毛糙，Vendeen 即起源地是法国西海岸的一个地方。

犬种特征 体长身矮；耳窄、薄、软，下垂；尾巴高挑如旗杆，有很多饰毛；睫毛、口须、颚须很长；能够在严酷的环境下生存。声音极美，粗野中透着魁伟。

性格特点 勇敢、热情，独立，爱与人相处。

饲育要点 适当带它外出散步，定期梳理被毛。

狗事档案

原产地：法国　　起源期：16 世纪

用　途：伴侣犬、狩望犬　　体　重：14~18 千克

身　高：33~38 厘米　　毛　色：白夹黑斑、橙色、黑色

可训度：★★☆☆☆　　友善度：★★★☆☆

吠叫度：★★★☆☆　　流行度：★☆☆☆☆

法老王猎犬

(*Pharaoh Hound*)

血统渊源 该犬是一种最古老的被训化的犬，公元前 7000 年就有它的记录，看起来像在埃及古墓壁画中的竖耳犬。

犬种特征 肌肉壮硕，腹胸部有白色斑点，走路轻快，眼、耳、鼻、毛颜色鲜艳，脸庞优雅；兴奋时耳会发红，微笑时露出洁白牙齿，是一个杰出的跳高能手和热切的捕猎者。

性格特点 聪明、友好，深受儿童喜爱；爱玩，速度快，嗅觉和视觉都非常出色。

饲育要点 易训练，需频繁运动，定期刷毛。

狗事档案

原产地：马耳他

起源期：古代

用　途：伴侣犬、猎犬

体　重：20~27 千克

身　高：63~64 厘米

毛　色：黄褐色（腹胸部夹白斑）

可训度：★★★☆☆

友善度：★★★☆☆

吠叫度：★☆☆☆☆

流行度：★☆☆☆☆

高贵而优雅的捕猎者

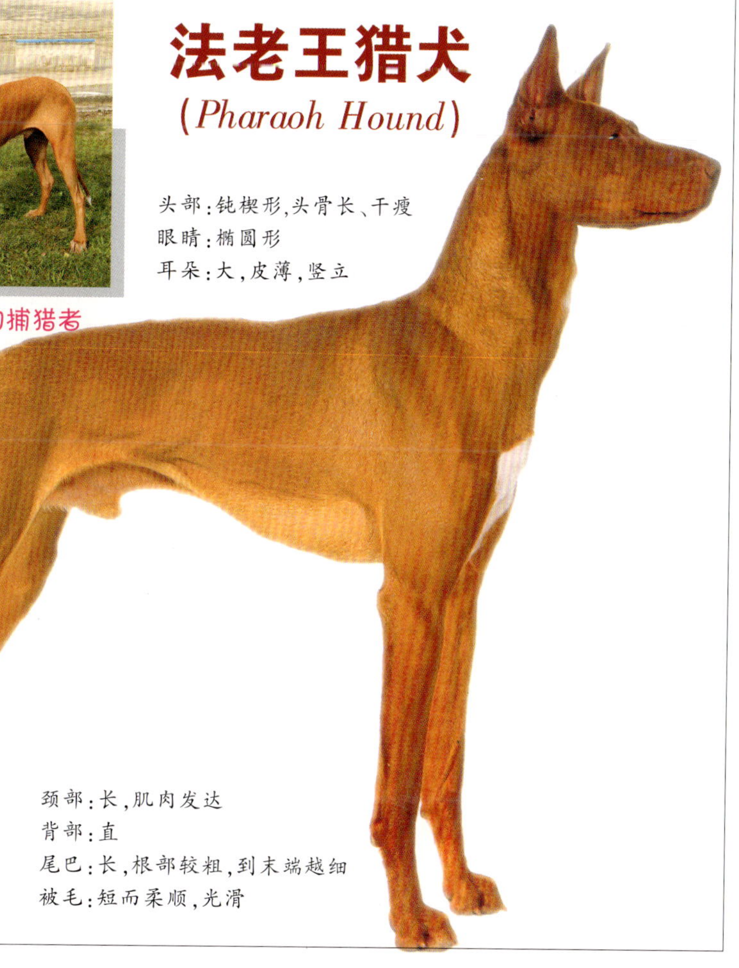

头部：钝楔形，头骨长、干瘦

眼睛：椭圆形

耳朵：大，皮薄，竖立

颈部：长，肌肉发达

背部：直

尾巴：长，根部较粗，到末端越细

被毛：短而柔顺，光滑

罗德西亚脊背犬

(*Rhodesian Ridgeback*)

头部：长度适中，头骨平
眼睛：圆形
耳朵：位置高，耳尖圆形

颈部：强壮，无垂肉
背部：强壮有力
四肢：结实
脚部：紧密，拱形
尾巴：根部粗，逐渐变细
被毛：短而密，富有光泽

传说中的猎狮犬

血统渊源 该犬为南非波尔人培育，用于特殊野外狩猎，据说用来猎狮子。是由原住居民所饲犬只与寻血猎犬、獒犬交配而成的品种。

犬种特征 被毛短，浓密，光滑；耳位置相当高，大小适中，耳尖为圆形；脖子强壮无垂肉；腰强壮，结实；背上从肩后到臀部有饰毛，生长方向与其他被毛相反。

性格特点 吃苦耐劳，速度快而勇敢。耐心极好，鼻子灵敏。沉着，极少吠叫。对主人极为忠诚，会和陌生人保持一定距离。

饲育要点 需自由锻炼，抗热也抗冷，能忍受缺水和缺食，每周刷毛 2 次。

狗事档案

原产地：南非	起源期：15 世纪
用　途：伴侣犬、猎犬	体　重：31~39 千克
身　高：61~69 厘米	毛　色：浅麦色到红麦色
可训度：★★★★☆	友善度：★★☆☆☆
吠叫度：★☆☆☆☆	流行度：★☆☆☆☆

萨路基猎犬(*Saluki*)

血统渊源 该犬是埃及的贵族犬。据史书记载，在公元前 7000 ~ 前 6000 年的苏美王国遗迹中，就已经发现了萨路基猎犬的塑像。

犬种特征 气质高贵，步态从容，脚步轻快灵活，能在沙地和岩石上熟练搜索，具有闪电般的速度，比羚羊都跑得快，走路时看着远方。耳根高，耳朵长，耳朵覆盖着柔滑的毛。

性格特点 聪明、可爱，喜欢孩子，是令人愉快的宠物犬。

饲育要点 需每天长时间的散步，但要特别注意，因为速度快，可能一下子就跑得不见了。1 周刷毛 2 次。

快过羚羊的中东贵族

头部：长而窄，轮廓分明
眼睛：大，呈椭圆形
耳朵：长，耳根高，平贴

颈部：修长，肌肉丰满
四肢：长，肌肉发达
脚部：脚趾呈优美的弧形
尾巴：长，下垂，尾根低
被毛：平滑，丝般柔滑

狗事档案

原产地：中东	起源期：古代
用　途：伴侣犬、猎犬	体　重：15~30 千克
身　高：58~71 厘米	
毛　色：白色、金黄色、奶油色、棕色、红色、棕黄色、黑色与棕黄色	
可训度：★★★☆☆	友善度：★★★★☆
吠叫度：★☆☆☆☆	流行度：★☆☆☆☆

工作犬品种

Working Group

工作犬组是目前对人类贡献最大的一个犬组，通常它们的体形都比较大，因为它们要帮助人类完成各种任务，例如警卫、拉雪橇、导盲、缉毒、搜索、救援，等等。所以大部分工作犬都是接受人类长期的选育培养之后才诞生的，例如杜宾犬、罗威纳、纽芬兰犬等，都属于服从性和工作能力很强的犬种。虽然工作犬的智商都很高，但是它们更适合经验丰富的主人，因为体形较大的犬必须经过良好的训练，才能成为人们的好伙伴，否则是很难控制的。

Siberian Husky

Samoyed

Doberman Pinscher

Alaskan Malamute

Rottweller

Boxer

Akita

Great Dane

Saint Bernard

Great Pyrenees

Komondor

Mastiff

Newfoundland

Portuguese ater Dog

Bernese Mountain Dog

Bullmas tiff

哈士奇（*Siberian Husky*）

极地英雄

血统渊源 又称为西伯利亚雪橇犬，起源于北西伯利亚，极可能是狼的后裔，由楚克奇族部落培育而成。

犬种特征 比例匀称，身体结实，步伐轻快，行动敏捷。脸庞冷峻，被毛蓬松，耳朵直立，尾似狐尾。会像狼一样集体吠叫，最擅长长途行走，但负重不能过多，在北极地区常用以拉雪橇。

性格特点 机警、质朴、开朗，独立，感情丰富，喜漫游，对人友善。

饲育要点 需大量运动以保证健康，每周刷洗 1 次。

狗事档案

原产地：西伯利亚	起源期：远古
用　途：伴侣犬、雪橇犬	体　重：16~27 千克
身　高：51~60 厘米	毛　色：任何颜色
可训度：★★☆☆☆	友善度：★★★★☆
吠叫度：★★★☆☆	流行度：★★★★★

萨摩耶犬（*Samoyed*）

血统渊源 起源于萨摩耶部落，是西伯利亚冻土地带的工作犬。该犬种没有受到其他犬种影响，是少有的原始犬。萨摩耶人利用该犬护卫畜群，猎狩熊和海象。

犬种特征 体形呈方形，强壮，优雅高贵，步态活泼，精力旺盛。拥有质地好而厚的雪白双层被毛，能抵御严寒。黑色的双眼随时保持着迷人的微笑，拥有极高的人气。

性格特点 聪明、机警、性情温和，适应力强。该犬爱吠，是极佳的护卫犬。

饲育要点 每日刷毛 1 次，给它足够的时间外出散步。

微笑天使

狗事档案

原产地：西伯利亚	起源期：17 世纪
用　途：伴侣犬、雪橇犬、护卫犬、猎犬	
体　重：17~30 千克	身　高：48~60 厘米
毛　色：纯白色、白色加浅黄色、白色加奶油色、白色加浅黄色	
可训度：★★☆☆☆	友善度：★★★★☆
吠叫度：★★★☆☆	流行度：★★★★★

杜宾犬

(*Doberman Pinscher*)

有着欧洲骑士风采

血统渊源 杜宾犬（也有称为多伯曼平犬）大约在1890年，起源于德国。杜宾犬含有短毛牧羊犬、罗威纳犬、曼彻斯特㹴等血统，在世界许多地方，都广受犬迷喜爱。

犬种特征 被毛短，有光泽，触感如丝；头部呈楔形，无皱纹；双眸黑色闪耀着光辉；姿态文雅，体格强健，肌肉发达而不显笨重，富有敏捷性、灵活性、协调性，具有高贵气质。

性格特点 聪明、机警，充满活力，对主人非常忠诚，是感情敏感的犬。

饲育要点 需要空间和训练来消耗能量，需要威严的主人，应多外出运动，经常刷毛。

狗事档案

原产地：德国　　起源期：19世纪
用　途：伴侣犬、警犬、护卫犬
体　重：30~40千克　　身　高：61~71厘米
毛　色：浅黄褐色、蓝色、红色、黑色
可训度：★★★★★　　友善度：★★☆☆☆
吠叫度：★★★☆☆　　流行度：★★★☆☆

阿拉斯加雪橇犬

(*Alaskan Malamute*)

北方的“雪地火车”

血统渊源 数个世纪以来，阿拉斯加雪橇犬已成为阿拉斯加本地人不可缺少的伴侣。它以Mahlemuts部落命名。

犬种特征 最古老的北极雪橇犬之一，身体紧凑，胸部发达，腰部强健，耐力极强；似狼外表，举止柔顺，对其他犬支配欲强。该犬种用作猎捕驯鹿、护卫帐篷、拖拉重物，有着北方“雪地火车”的美誉。

性格特点 精力充沛，安静沉着，重感情，对幼儿温和，不爱叫，无进攻性，极友善。

饲育要点 常带它运动，不耐热，每周刷洗2次。

狗事档案

原产地：美国
起源期：远古
用　途：伴侣犬、雪橇犬
体　重：34~39千克
身　高：58~64厘米
毛　色：暗浅灰色、暗红色
可训度：★★☆☆☆
友善度：★★★★☆
吠叫度：★☆☆☆☆
流行度：★★★☆☆

罗威纳犬(*Rottweller*)

无畏的勇士

血统渊源 祖先为古罗马牧羊犬。在19世纪时,开始在德国南部罗特威尔地区进行培育,使其成为独特的驱赶犬和守卫犬。

犬种特征 体形中等,比例协调,强健而敏捷,步态为小跑。拥有双重被毛,外毛直,密而平滑,中等长度。

性格特点 勇敢,忍耐力强,安静,个性强,不会无端吠叫,对主人忠实,对孩子们有耐心。无所畏惧,外表威严,是优秀的护卫犬,对陌生人有敌意。

饲育要点 适当让它外出活动,不是很耐热,每天刷一次毛。

头部:强壮,头盖骨宽
眼睛:中等大小,杏仁形
耳朵:下垂,三角形

颈部:长,没有皮赘
背线:水平
躯干:胸部宽,肋部伸展

脚部:脚圆,趾尖拱起
尾巴:截尾或自然状态
被毛:稠密,平铺,有下毛

狗事档案

原产地:德国
起源期:19世纪
用　途:伴侣犬、护卫犬、警犬
体　重:42~50千克
身　高:60~69厘米
毛　色:黑色底夹铁锈色斑
可训度:★★★★☆
友善度:★★☆☆☆
吠叫度:★☆☆☆☆
流行度:★★★☆☆

拳师犬(*Boxer*)

血统渊源 由丹斯加犬和英国斗牛犬于1890年杂交而成的,1896年在慕尼黑首次亮相,第一次世界大战中德国军队使用过该犬种。

犬种特征 头部呈方形,轮廓清晰,面部深黑,鼻部上翘,颅顶部呈轻微弧形,嘴唇下吊。被毛贴身、光滑而有光泽。外表强健,肌肉十分发达,机警而自信,有威严,活动优雅而高贵。

性格特点 聪明、沉着、健壮、友善,与家庭亲和力强,对陌生人机警而谨慎,不畏惧威胁,但对友好的表示反应很温和。

饲育要点 在很小时对其训练,被毛短,平时不需要特殊照料。

重量级拳击手

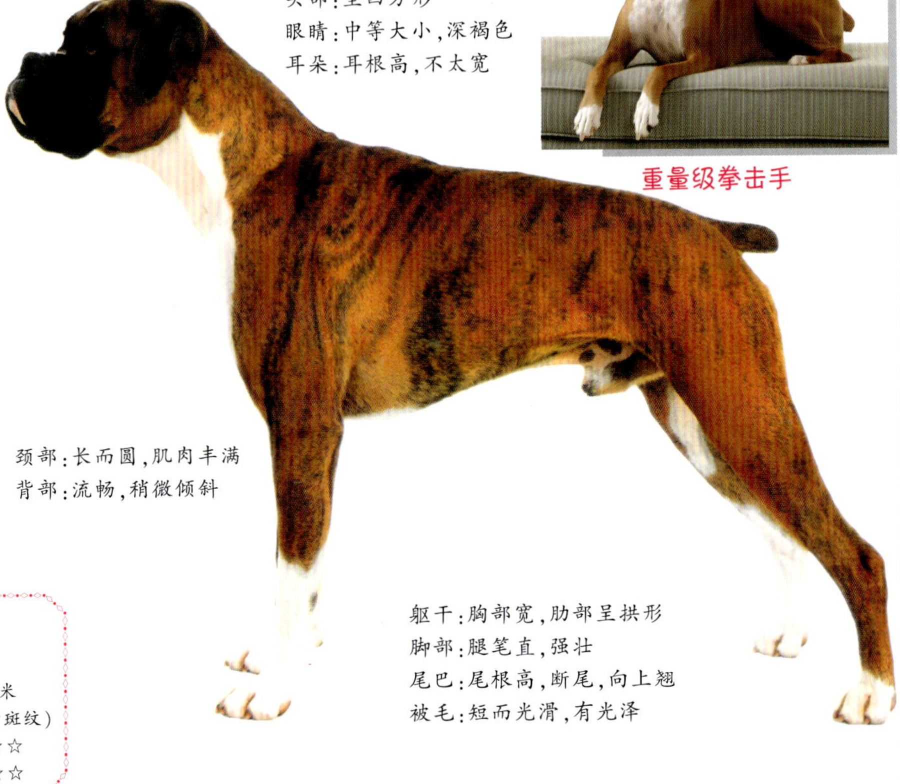

头部:呈四方形
眼睛:中等大小,深褐色
耳朵:耳根高,不太宽

颈部:长而圆,肌肉丰满
背部:流畅,稍微倾斜

躯干:胸部宽,肋部呈拱形
脚部:腿笔直,强壮
尾巴:尾根高,断尾,向上翘
被毛:短而光滑,有光泽

狗事档案

原产地:德国　　起源期:19世纪
用　途:伴侣犬、守卫犬、工作犬
体　重:25~30千克　　身　高:53~64厘米
毛　色:浅黄褐色、浅棕褐色、红褐色(均带斑纹)
可训度:★★★★☆　　友善度:★★★☆☆
吠叫度:★★★☆☆　　流行度:★★☆☆☆

秋田犬

(*Akita*)

日本天皇的猎手

血统渊源 该犬起源于日本的秋田省，起初被称为秋田猎熊犬。其祖先可能是中国犬种，后来与獒犬和斗牛犬等杂交而成，长期被用来猎捕大型猎物和斗狗活动，现在已基本作为宠物犬来养。

犬种特征 高贵威严，步态有力而富弹性。头部呈三角形，吻部长，眼睛小，两耳直立，与后颈部在一条直线上。尾大而弯曲，蜷曲紧贴背上，与宽阔的头部对称。

性格特点 精力旺盛，非常勇敢，但安静、温顺，基本不吠叫，但它具有唯我独尊的个性，很难与其他犬相处。

饲育要点 每天带它外出运动，每日刷洗 1 次；在换毛季节备好马梳。

狗事档案

原产地：日本	起源期：18 世纪
用　途：伴侣犬、警犬、护卫犬	体　重：34~50 千克
身　高：61~71 厘米	毛　色：任何颜色
可训度：★★★☆☆	友善度：★★☆☆☆
吠叫度：★☆☆☆☆	流行度：★★☆☆☆

血统渊源 该犬祖先被认为是西藏獒犬。它的英文名字是从法语名称“巨大的丹麦犬”翻译而来，它其实是德国的大犬，并无证据显示它与丹麦有关。

犬种特征 在所有大型犬当中，大丹犬的外表和天性都是最优雅、最高贵的。它大而强壮，体格协调，强健，壮实，步态谐调，轻快，有“犬中之神”的美誉。

性格特点 和善、温柔、慈祥、敏感、镇定，很少吠叫，从来不好斗，是所有獒犬中最热爱和平的一类。

饲育要点 每天带它出去散步，让它适当伸展长腿。寿命短，只有 8 年。

狗事档案

原产地：德国	起源期：18 世纪
用　途：伴侣犬、护卫犬	体　重：50~70 千克
身　高：71~82 厘米	毛　色：浅黄褐色、蓝色、黑色
可训度：★★★☆☆	友善度：★★★★☆
吠叫度：★☆☆☆☆	流行度：★☆☆☆☆

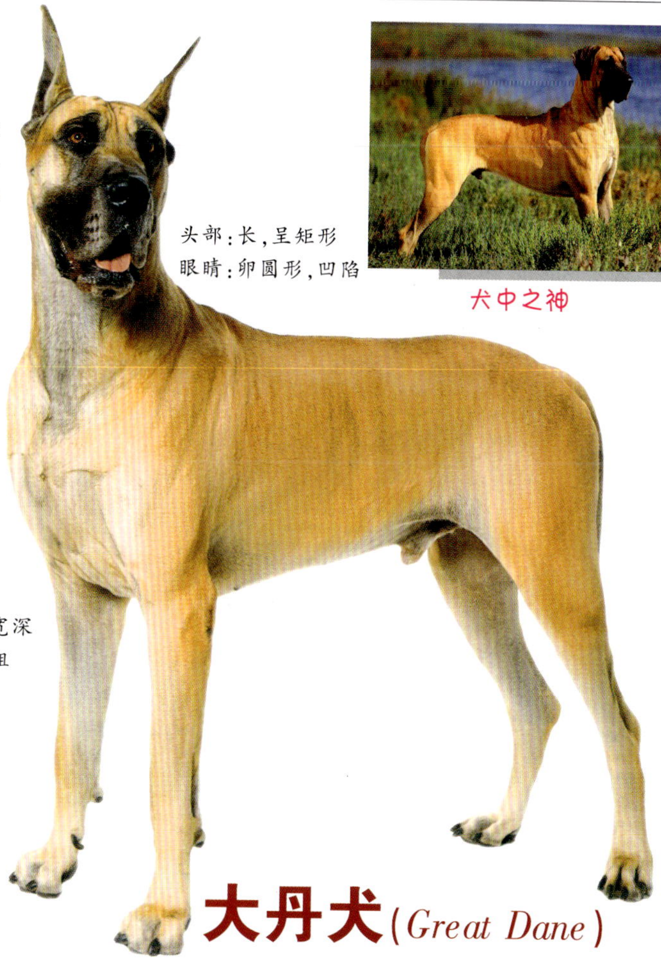

犬中之神

大丹犬(*Great Dane*)

圣伯纳犬(*Saint Bernard*)

阿尔卑斯山的救护车

血统渊源 据说是古罗马军队经过瑞士时留下的亚洲獒犬的后代。曾濒临绝种,后利用大丹犬、纽芬兰犬血缘得以复兴。有两个类型:短毛类和长毛类。

犬种特征 威严、强壮、聪明。被毛平滑,非常密。它有极强的认路本领和灵敏的嗅觉,无须训练就能搜寻意外伤亡的旅行者和雪堆里的遇难者,它还有第六感觉,能察觉雪崩的到来。

性格特点 温柔敦厚,举止端庄,好交际,对主人非常忠诚。

饲育要点 每天长时间的散步,每天刷毛 1 次,不是很耐热。

头部:强健,威严
眼睛:大,深棕色
耳朵:耳根高,下垂

颈部:短,强壮
背线:宽,直
四肢:后肢十分发达,强健
脚部:脚大而直,结实
尾巴:长而粗,下垂
被毛:(短毛类——稠密,平滑);
(长毛类——毛直)

狗事档案

原产地:瑞士
起源期:中世纪
用　途:伴侣犬、护卫犬
体　重:55~95 千克
身　高:65~71 厘米
毛　色:白夹红斑、白夹棕斑
可训度:★★★☆☆
友善度:★★★★☆
吠叫度:★☆☆☆☆
流行度:★★☆☆☆

大白熊犬(*Great Pyrenees*)

血统渊源 自古以来在比利牛斯山中饲养。在公元前3000 年的古巴比伦艺术中就出现了关于它的绘画。

犬种特征 白色的被毛美丽高雅,高大的身躯威严雄伟,温柔的脸庞和善亲切。它在比利牛斯山险峻的山谷中守护羊群,以免其遭狼群掠夺。它擅长在柔软的雪地上行走,可以拉雪橇或在雪橇队的旅行中做向导。

性格特点 自信勇敢,敏锐知性,有耐性,对主人忠诚。

饲育要点 让它自由运动,每周梳理被毛 2~3 次。

比利牛斯山会移动的雪堆

头部:呈楔形,顶部稍圆
眼睛:杏仁形,稍微倾斜
耳朵:V 形,尖端不圆

颈部:中等长度,强壮
背线:水平
四肢:短,有边毛
脚部:圆形,脚垫厚
尾巴:有长的羽状毛,休息时下垂
被毛:双层被毛,长而厚

狗事档案

原产地:法国　　起源期:远古
用　途:伴侣犬、牧羊犬、守护犬
体　重:45~58 千克　　身　高:64~82 厘米
毛　色:白色、白色夹斑块
可训度:★☆☆☆☆　　友善度:★★★★☆
吠叫度:★★☆☆☆　　流行度:★★☆☆☆

可蒙多犬(*Komondor*)

隐藏在畜群中的守护犬

血统渊源 土生的牧羊犬,大约 1000 年前被游牧的马尔扎人带到匈牙利。可蒙多犬的祖先是各种亚洲牧羊犬,包括西藏马士提夫犬。

犬种特征 被毛厚厚的,如绳索状,这样可将它隐藏在畜群中,免受猛兽的袭击,还可抵御恶劣的天气。长期以来被用来保护畜群不被狼或熊侵袭并驱逐各种有害动物。

性格特点 安静,不是很友善,但忠于主人。永不失勇气和胆量,为保护畜群和家人可战斗到死。

饲育要点 需要大量的锻炼和空间。8 个月时开始用手指将它的毛一束束绺开。1 年洗 1～2 次澡。

狗事档案

原产地:匈牙利	起源期:中古
用　途:伴侣犬、护卫犬	体　重:36~60 千克
身　高:64~80 厘米	毛　色:白色
可训度:★★★☆☆	友善度:★★☆☆☆
吠叫度:★☆☆☆☆	流行度:★☆☆☆☆

獒犬(*Mastiff*)

血统渊源 英国血统,由亚洲獒犬与鲁索斯犬杂交而成。最初用来作为战犬,曾随同凯撒大帝四处征战,后来作为英格兰贵族庄园畜群和私人财产的护卫犬。

犬种特征 体形巨大,肌肉壮硕,骨骼粗壮,力量极大,外表威严,作为地道的护卫犬,无犬敢上门争斗,有着王者之态。

性格特点 勇敢而温顺,热爱主人和孩子,无惧挑衅,会对陌生人造成威胁。

饲育要点 经常刷毛,常带它外出运动。

狗事档案

原产地:英国	起源期:远古
用　途:伴侣犬、护卫犬	体　重:70~90 千克
身　高:70~82 厘米	
毛　色:浅黄褐色、杏黄色(或带斑纹)	
可训度:★★☆☆☆	友善度:★★☆☆☆
吠叫度:★☆☆☆☆	流行度:★☆☆☆☆

犬中之王

纽芬兰犬

(*Newfoundland*)

最佳海上救援犬

血统渊源 它是由欧洲移民带到加拿大纽芬兰岛的。人们将它用于在捕鱼时拉网、拉船或驮运货物，又因它有厚实的被毛，能抵御冰冷的海水，所以又是天生的救生犬。

犬种特征 身体结构大，姿态高雅，威严，步态轻松，有点摇摆。被毛长直而油滑，具有排水的双重构造，脚长有脚蹼，非常乐意潜入水中援救溺水者，现常用于海上救援。

性格特点 温和、友好、可爱，十分忠诚，性情平和，喜欢孩子。

饲育要点 每周刷毛 2 次，常带它外出运动，但它不是很耐热。

狗事档案

原产地：加拿大纽芬兰岛
起源期：17 世纪
用　途：伴侣犬、水中救生犬
体　重：45~68 千克
身　高：66~71 厘米
毛　色：棕色、灰色、黑色、黑白
可训度：★★★★☆
友善度：★★★★★
吠叫度：★☆☆☆☆
流行度：★☆☆☆☆

葡萄牙水犬

(*Portuguese Water Dog*)

血统渊源 原生于葡萄牙的海岸地带，当时，它常从事驱赶鱼群，帮主人收回海里的鱼网，并在船与岸之间传递物品。

犬种特征 被毛单层，厚而浓密，能防水，有卷曲形和波浪形两种。体形中等，聪明沉着，外形粗犷，有着惊人的耐力，是游泳和潜水的好手。常被修剪成特殊样式以防后腿被绊住及保护前胸。

性格特点 聪明、勇敢、温顺，对主人忠诚。

饲育要点 多让它在水中游玩，常梳理被毛。

渔民的好帮手

狗事档案

原产地：英国	起源期：15 世纪
用　途：猎犬	体　重：16~27 千克
身　高：43~58 厘米	毛　色：白色、棕褐色、黑色
可训度：★★★☆☆	友善度：★★★★☆
吠叫度：★☆☆☆☆	流行度：★☆☆☆☆

伯尔尼兹山地犬

(*Bernese Mountain Dog*)

勤劳的山地犬

血统渊源 该犬具有贵族气质和古老血统，是瑞士四种山地犬之一，其祖先可能是古罗马军队带到瑞士的獒犬。称之为山地犬，是因其能在山岳地带活动。

犬种特征 被毛发亮、长而直，略呈波浪形；面颊到嘴角、眼睛上方、胸部两侧、四肢和尾下部是铁锈色斑纹；头部、向下延伸到前胸的颈部、腿上和尾尖上有白色斑纹。拥有身体强壮、体态平衡的身躯，做事敏捷，适合在山区拉车和驱赶牲畜。

性格特点 安静、机警，对主人忠诚、友爱，不经常吠叫，也不好斗。

饲育要点 需多运动，防太胖，每周刷毛 1 次。

狗事档案

原产地：瑞士　　起源期：17 世纪
用　途：伴侣犬、牧犬、护卫犬、警犬、驮犬
体　重：40~50 千克　　身　高：58~70 厘米
毛　色：黑色底夹铁锈色和白色的斑块
可训度：★★★★☆　　友善度：★★★★☆
吠叫度：★☆☆☆☆　　流行度：★☆☆☆☆

血统渊源 由斗牛犬和獒犬杂交培育而成，像斗牛犬一样敏捷而活跃，像獒犬一样大而重。19 世纪培育该犬种用来守护大量财产。

犬种特征 身体强壮，体形协调，不显笨重，有很强的力量和耐力，非常机警，生存能力强。处于戒备状态时有许多皱纹。对家庭有过度的保护倾向。

性格特点 性格顽固，有点抗拒训练，勇敢无畏，是家庭的好伴侣和保护者。

饲育要点 嗅觉敏锐，支配欲强，应对其进行固定但温和的训练；经常刷洗被毛和清理褶皱处。

狗事档案

原产地：英国　　起源期：19 世纪
用　途：伴侣犬、警犬、军犬、护卫犬
体　重：45~59 千克
身　高：61~69 厘米
毛　色：红色、浅黄褐色斑纹
可训度：★★☆☆☆
友善度：★★★☆☆
吠叫度：★☆☆☆☆
流行度：★☆☆☆☆

斗牛獒犬 (*Bullmastiff*)

勇猛的私人护卫

㹴犬品种

Terrier Group

㹴犬的英文名称是Terrier，这个词在拉丁文字中有“土地”的意义，所以不难分析，大部分犬都是挖洞高手。除了广受欢迎的迷你雪纳瑞之外，大多数犬都起源于英国。㹴犬通常都拥有勇敢、活泼的性格，坚硬的被毛，较小的体形和较大的牙齿，以及极强的好奇心。这些特征是因为人类专门利用它们来捕杀狐狸、老鼠、黄鼠狼等小型动物。例如猎狐 㹴，从名字上就能得知，它们是专门用来猎捕狐狸的，还有现在非常流行的西高地白 㹴和约克夏 㹴，最初也是用来捕捉老鼠的。

West Highland White Terrier

Bedlington Terrier

Airedale Terrier

Kerry Blue Terrier

Schnauzer

Bull Terrier

Scottish Terrier

Smooth Fox Terrier

Wire Fox Terrier

American Staffordshire Terrier

Australian Terrier

Border Terrier

Cairn Terrier

Dandie Dinmont Terrier

Irish Terrier

Lakeland Terrier

Standard Manchester Terrier

Norfolk Terrier

Norwich Terrier

Sealyham Terrier

Skye Terrier

Soft Coated heaten Terrier

Staffordshire Bull Terrier

Jack Russell Terrier

Welsh Terrier

白色幻影

西高地白㹴

(West Highland White Terrier)

血统渊源 起源于苏格兰的波塔洛克，是苏格兰的一个育种家族用白凯恩㹴培育出来的。曾因拍过苏格兰威士忌广告而名扬四海。

犬种特征 体形短小精悍，强健，有力量，爱动。方正的体形、圆圆的头顶、直硬的白色被毛，让其显得既精明又可爱。它听力强，是卓越的警卫犬。最初用来捕猎水獭、狐狸和老鼠。

性格特点 活泼、勇敢、自信，是友善而快乐的宠物犬，喜欢孩子。

饲育要点 每天刷毛 1 次，被毛要特别小心地照料。

狗事档案

原产地：苏格兰		起源期：19 世纪	
用　途：伴侣犬、猎犬		体　重：6~8 千克	
身　高：25~28 厘米		毛　色：白色	
可训度：★★★★☆		友善度：★★★☆☆	
吠叫度：★★★★★		流行度：★★★☆☆	

贝林顿㹴

(Bedlington Terrier)

血统渊源 培育于 13 世纪英格兰的一个靠近诺森兰郡的边远小镇，由猎水獭犬、惠比特犬及丹迪丁蒙㹴交配而成。于 1873 年被养犬人俱乐部承认。

犬种特征 身体看似瘦弱，但体格健壮，精力充沛。全身刚毛、软毛交杂卷曲，加上那个长长的似梨形的头部，远远看去就像一只温柔敦厚的小羔羊。

性格特点 温顺，不会主动挑起事端，但个性很强，骨子里的争头性使其有至死不休的气概。

饲育要点 每周刷毛 1 ~ 2 次。每年做专业的修整和刷洗 2 ~ 3 次。有找寻与破坏欲，需要给它准备些刺激性活动。

并不沉默的羔羊

狗事档案

原产地：英国	起源期：19 世纪初
用　途：伴侣犬、护卫犬、捕鼠	
体　重：7.7~10.5 千克	身　高：38~44 厘米
毛　色：蓝色、沙土色、红褐色、蓝色和棕褐色、沙土色和棕褐色、红色和棕褐色	
可训度：★★★☆☆	友善度：★★☆☆☆
吠叫度：★★☆☆☆	流行度：★★☆☆☆

万能㹴

(Airedale Terrier)

㹴中之王

头部：头骨长而平
眼睛：小而暗
耳朵：小，V 形

颈部：强健，长度适中
背部：短，强壮
躯干：胸深凹，肋骨有弹性
四肢：脚趾小，圆且隆起
尾巴：欢快地竖立
被毛：硬而密，直立且紧凑

血统渊源 该犬培育于 1850 年，是一位约克夏郡人将猎水獭犬和古英国黑色和黄色㹴犬交配而成。目的是培育一种可猎獭和鼠的犬。一战时用作传令犬、攻击犬和护卫犬，俗称“㹴王”。

犬种特征 身体强壮，有力，像小马，步态高贵，具有非凡的勇气和速度。全身硬密的被毛如层层波浪，漆黑的双眸闪着智慧的光芒，高翘的尾巴有如竖起的一面旗帜。无论是作为猎犬、看门犬都很优秀。

性格特点 警戒心强、精力充沛。天性固执，但忠于主人，对孩子温和。

饲育要点 常散步，每周刷洗 2 次，每季度作 1 次专业刷洗修整。

狗事档案

原产地：英国　起源期：19 世纪
用　途：伴侣犬、猎犬、警犬
体　重：19~22 千克　身　高：56~61 厘米
毛　色：头和耳为棕褐色、背为黑色、四肢黄褐色
可训度：★★★★☆　友善度：★★★☆☆
吠叫度：★☆☆☆☆　流行度：★★☆☆☆

凯利蓝㹴

(Kerry Blue Terrier)

血统渊源 起源于爱尔兰西南的凯利郡，凯利蓝㹴用于猎獾、狐狸和水獭。祖先可能是贝林顿㹴、牛头㹴、爱尔兰㹴和猎狼㹴。它是爱尔兰的国犬。

犬种特征 身体结实，比例匀称，有着雕塑般的外形。被毛柔软，浓密并弯曲，没有绒毛，不易掉毛。幼犬时毛为黑色，在 9 个月后变为蓝色，毛色变得越早，颜色越浅。

性格特点 多才多艺，吃苦耐劳，是游泳高手，可攻击深水中的水獭，也可作守卫犬。

饲育要点 易训练，每天锻炼 1 次，定期刷毛，每年需 3 ~ 4 次专业修整。

爱尔兰国犬

头部：长，强壮
眼睛：小而黑
耳朵：小，皮薄，V 形

颈部：匀称，长度适中
背部：短小，坚实而笔直
躯干：胸部厚，腰部短小有力
四肢：脚结实，腿粗壮
尾巴：尾根高，上竖
被毛：柔软，浓密，弯曲

狗事档案

原产地：爱尔兰　起源期：18 世纪
用　途：伴侣犬、护卫犬、猎犬　体　重：15~20 千克
身　高：44~47 厘米　毛　色：各种蓝色
可训度：★★★★☆　友善度：★★★★☆
吠叫度：★☆☆☆☆　流行度：★★☆☆☆

头部：长形，强壮
眼睛：小，椭圆形
耳朵：如剪耳，则耳朵竖立；如为自然状态，则呈V字形

似位冷酷的老者

颈部：强壮，拱形
背线：直
身体：短而深
尾巴：尾根高，直立
被毛：毛硬，像金属丝
脚部：脚短呈圆形

迷你雪纳瑞犬

狗事档案

原产地：德国
起源期：16世纪
用　途：伴侣犬、猎犬、警犬
体　重：14~15千克（标准型）；
4~7千克（迷你型）；
30~40千克（大型）；
身　高：44~50厘米（标准型）；
30.5~35.6厘米（迷你型）；
60~70厘米（大型）
毛　色：黑白色、黑色和银色
可训度：★★★☆☆
友善度：★★★☆☆
吠叫度：★★☆☆☆
流行度：★★★★☆

雪纳瑞犬

(*Schnauzer*)

标准雪纳瑞犬

血统渊源　起源于德国，曾在16世纪的画中出现过。雪纳瑞犬分为标准雪纳瑞、大型雪纳瑞和迷你雪纳瑞三种，其他两种雪纳瑞都是在标准雪纳瑞的基础上培育而成。这三种类型的雪纳瑞主要特征极为相似，但它们却分属三个不同的犬种。迷你雪纳瑞是㹴犬中最为流行的犬种。

犬种特征　身体呈方形，粗壮，肌肉发达，精力充沛，行动敏捷。被毛非常密，像金属丝般卷曲，有拱形的眉毛和粗硬的胡须，像一个威严而冷酷，又充满智慧的老头。标准型和大型雪纳瑞，体形更大，更有力量，体格强壮，是最能吃苦耐劳的工作犬。

性格特点　聪明、勇敢、强健，充满活力，有时爱搞破坏，喜爱儿童。

饲育要点　常带它外出散步，每天刷毛1次，每3个月做1次专业修饰。

大型雪纳瑞犬

牛头㹴 (*Bull Terrier*)

骁勇善战的斗牛士

血统渊源 该犬是牛头犬和㹴交配产生的后代，目的是培育“狗斗士”。最初用于斗牛，后用于斗犬。此犬的外形到 1860 年才发展完善，并培育出了更具挑战性的白色品种，激起了人们对新血统犬的热情，曾风靡一时，被称作“白色骑士”。

犬种特征 有两个品种：白色牛头㹴和有色牛头㹴。它的外貌让人过目不忘，长拱形的颈上长着一个“牛头”，看上去就像一只小牛犊。非常强健，结实，身体匀称。

性格特点 骁勇善战，精力充沛，爱淘气，爱撒娇。鉴于好战天性，最好只养这一只犬。

饲育要点 需要大量的训练，每周刷毛 1～2 次。

狗事档案

原产地：英国　　起源期：19 世纪
用　途：伴侣犬、护卫犬　　毛　色：白色、彩色
体　重：24~28 千克（迷你型不超过 9 千克）
身　高：53~57 厘米（迷你型 25.4~35.5 厘米）
可训度：★★☆☆☆　　友善度：★★★★☆
吠叫度：★☆☆☆☆　　流行度：★★☆☆☆

苏格兰㹴 (*Scottish Terrier*)

血统渊源 是一种古老㹴，培育于苏格兰北部高地，最初用于猎獾和狐，现多半当作宠物犬。美国总统罗斯福就曾养过一只苏格兰㹴。

犬种特征 高昂的头颅，竖立的小耳，上翘的尾巴，结实的身体，强健的肌肉，如丝的长毛，轻快灵活的步伐，这一切都让该犬流溢着朝气与活力。它体形虽小，力量却很大，有着“苏格兰小子”之称。

性格特点 机警、聪明、敏锐、勇敢，与主人关系密切，快乐友善。

饲育要点 每天外出散步消耗多余的能量，每周刷毛 1 次，每年 3～5 次专业护理。

狗事档案

原产地：苏格兰　　起源期：19 世纪
用　途：伴侣犬、猎犬　　体　重：8.2~10 千克
身　高：25~28 厘米
毛　色：黑色、灰色或其他色斑点
可训度：★★★★☆　　友善度：★★★★☆
吠叫度：★☆☆☆☆　　流行度：★★☆☆☆

淘气的苏格兰小子

短毛猎狐㹴
(Smooth Fox Terrier)

快乐的小马驹

血统渊源 短毛猎狐㹴的祖先是短毛黑褐色㹴、牛头㹴、灰猎犬和小猎兔犬。短毛猎狐㹴较硬毛猎狐㹴早展出15～20年。

犬种特征 颅骨扁平，自头顶向双眼逐渐变窄，面部像经过精心雕琢后呈“楔形”。肩长而倾斜，与背自然衔接。被毛短而光滑，硬而浓密。该犬具有速度、耐力与爆发力。

性格特点 活跃、灵敏，富有表现力，兴奋性强，讨主人喜爱。

饲育要点 不喜欢拴系牵引带，适合乡下或郊区生活。常和它一起玩，每周刷毛1次。

狗事档案

原产地：英国	起源期：19世纪
用　途：伴侣犬、猎犬	体　重：7~9千克
身　高：36~39厘米	毛　色：白色夹斑纹
可训度：★★★☆☆	友善度：★★★☆☆
吠叫度：★★☆☆☆	流行度：★☆☆☆☆

硬毛猎狐㹴(wire fox Terrier)

血统渊源 该犬的祖先是威尔士的德贝郡和达拉诺地区的老粗毛㹴、黑褐色的工作㹴。20世纪30年代风靡一时。

“厚脸皮”的捣蛋鬼

犬种特征 黑眼小而圆，深陷，充满激情和智慧。耳小呈V形，下垂贴面颊。有饱满圆形的面颊，且有浓密的络腮胡子，常被称为“厚脸皮”。

性格特点 活泼、机灵敏捷、身姿娇健，兴奋性较强，很讨人喜欢。

饲育要点 每天带它外出运动，常修剪被毛。

狗事档案

原产地：英国	起源期：19世纪
用　途：伴侣犬、猎犬	体　重：7~9千克
身　高：36~39厘米	毛　色：白色夹斑纹
可训度：★★★☆☆	友善度：★★★☆☆
吠叫度：★★☆☆☆	流行度：★☆☆☆☆

美国斯塔福㹴

(American Staffordshire Terrier)

美国斗牛士

血统渊源 该犬是斯塔福牛头㹴的后代,但它更大也更强有力,被赞为"斗牛士"。美国斯塔福㹴的好斗性不应受到鼓励,因为狗会因此而变得非常危险。

犬种特征 活泼、热情,体形粗壮有力且紧凑,以勇气而著名。圆圆的眼睛闪烁着寒气,干净利落的尾巴显得精悍,浑身透着一股威严。

性格特点 独立,意志坚定,具有斗牛犬的力量和㹴犬的灵活,是非常忠诚而和善的宠物犬。对其他犬有侵略性。

饲育要点 常带它外出活动,每周刷毛1~2次。

狗事档案

原产地:美国
起源期:19世纪
用　途:伴侣犬、护卫犬
体　重:17~20千克
身　高:43~48厘米
毛　色:任何颜色(但白色、黑褐色和肝色不超过80%)
可训度:★★★☆☆
友善度:★★☆☆☆
吠叫度:★☆☆☆☆
流行度:★★☆☆☆

澳大利亚㹴

(Australian Terrier)

血统渊源 它的祖先是从英国来到澳大利亚的爱尔兰㹴、苏格兰㹴、凯恩㹴、约克夏㹴等。1899年第一次在悉尼展示,是最小的工作㹴之一。

犬种特征 体形娇小,身高较矮,身子较长,竖立的耳朵、截断的耳朵及噘起的小嘴相对其身高来说显得突出。它聪明伶俐,通人性,有好听的声音,行动灵活。

性格特点 活泼、勇敢、快乐,天生好捕鼠类,善于围猎。

饲育要点 需要大量的训练,每天刷毛1次。

最小的工作㹴

狗事档案

原产地:澳大利亚　　起源期:18世纪
用　途:伴侣犬、猎犬　　体　重:3.6~6.3千克
身　高:24~28厘米
毛　色:深蓝、铁蓝、深灰蓝、银蓝、深红色、沙色
可训度:★★★☆☆　　友善度:★★★☆☆
吠叫度:★☆☆☆☆　　流行度:★☆☆☆☆

边境㹴

(Border Terrier)

丘陵山区的"治安员"

血统渊源 源于英国边境的切维厄特的丘陵山区，被认为是贝林顿㹴、湖畔㹴与丹迪丁蒙㹴交配的品种。最初用于猎狐狸，是群猎品种。

犬种特征 机警、敏捷，能挤过窄洞和快速穿过任何地带，它的速度可以与马相媲美。有水獭样的头，敏锐的眼睛，刚硬的被毛，细小的身材。它身子相当长，始终处于警惕状态。警戒时尾像旗帜一样左右摇摆。

性格特点 强壮、勇敢，精力无穷，个性强，喜欢与其他狗斗。

饲育要点 需长时间散步，被毛只需偶尔刷刷，不需要专业性刷洗和修整。

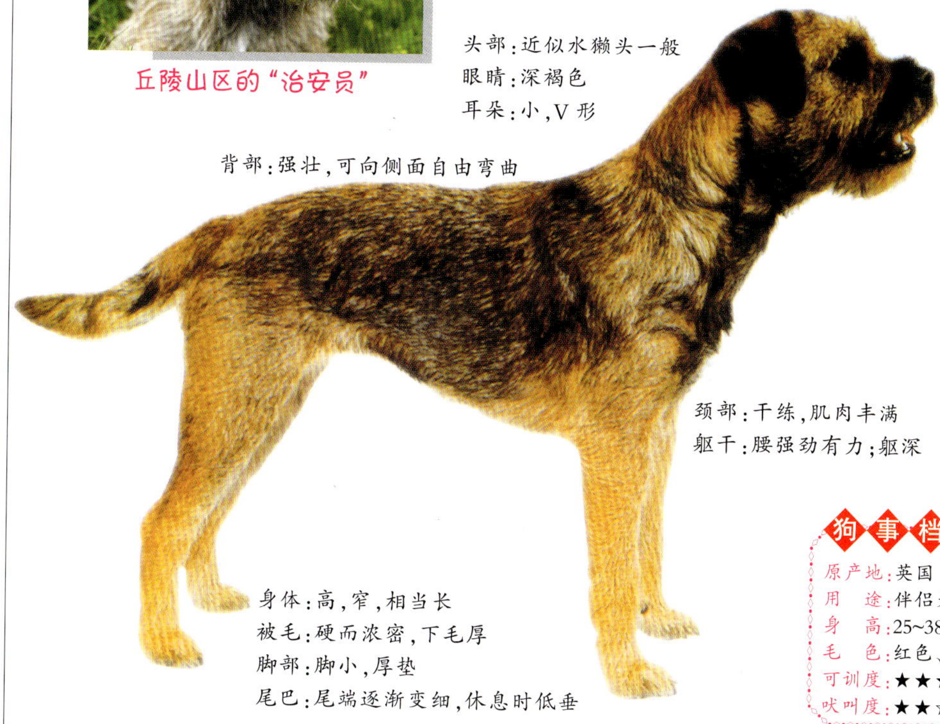

狗事档案

原产地：英国	起源期：18世纪
用　途：伴侣犬、猎犬	体　重：5~7千克
身　高：25~38厘米	
毛　色：红色、灰黄色、灰色和棕褐色、蓝色和棕褐色	
可训度：★★★★☆	友善度：★★★☆☆
吠叫度：★★☆☆☆	流行度：★☆☆☆☆

凯恩㹴 (Cairn Terrier)

血统渊源 是最古老的苏格兰㹴之一，起源于苏格兰西部的斯凯岛和西高地。它能在石堆中活动，"凯恩"即"石洞"之意，凯恩㹴能将猎物从石洞中赶出来。

犬种特征 身体长而结实。它与其他㹴犬的最大区别是头宽短，脖子也短。双重被毛，浓密而粗糙，能适应严酷的气候，能在迷漫的烟雾中工作，常在波涛汹涌的海边守护养殖场。

性格特点 是快乐、淘气的宠物犬，对陌生人很警惕，会吠叫报警。游泳高手，会猎水獭和害兽。

饲育要点 常运动，每周刷毛2~3次，不需要专业修整。

能在迷雾中工作

狗事档案

原产地：苏格兰	起源期：15世纪
用　途：伴侣犬、猎犬	体　重：6~7千克
身　高：24~26厘米	
毛　色：除白色以外的其他颜色	
可训度：★★☆☆☆	友善度：★★☆☆☆
吠叫度：★★★★★	流行度：★☆☆☆☆

丹迪丁蒙㹴
(*Dandie Dinmont Terrier*)

苏格兰的“小辣妹”

血统渊源 犬名因《GUY MANNERING》一书而流传。书中，一位名叫丹迪·丁蒙的农场主养了一群短脚㹴。之后，此名沿用至今。

犬种特征 戴有丝状冠毛的头部又大又圆。圆圆的眼睛大而明亮，看上去深情款款，温柔可人。它强壮而柔韧的躯体和弯刀状的尾巴都覆盖着相当明显的双重被毛。

性格特点 独立、坚定、聪明，工作时执著而大胆，不知疲劳。

饲育要点 每天外出散步1次，每周刷毛2~3次，每年专业护理2~3次。

狗事档案

原产地：英国
起源期：18世纪
用　途：伴侣犬、猎犬
体　重：8~11千克
身　高：20~28厘米
毛　色：红黄色、土黄色
可训度：★★★☆☆
友善度：★★★☆☆
吠叫度：★★★☆☆
流行度：★☆☆☆☆

爱尔兰㹴 (*Irish Terrier*)

被称为“鲁莽大胆犬”

血统渊源 是㹴类中最早的品种，历史久远。可能是老品种刚毛黑褐㹴和大型麦色㹴交配的品种。一战时作为军犬，它曾和英国士兵并肩作战。

犬种特征 中长的身躯，高昂的头颈，修长的腿，高举精干利落的尾巴，闪着光泽的美丽红毛，这一切都使爱尔兰㹴高贵优雅的气质显露无遗。它健步如飞，是有名的猎兔犬，也是一名游泳健将。

性格特点 性情温和，善于竞技，富有勇气，常常不计后果，有着“鲁莽大胆犬”的称号。

饲育要点 需要大量的空间和训练，每周刷毛1~2次。每年做2次专业修整。

狗事档案

原产地：爱尔兰　起源期：18世纪
用　途：伴侣犬、护卫犬、猎犬
体　重：11~12千克　身　高：44~46厘米
毛　色：鲜红色、金黄色、红黄色、小麦色
可训度：★★☆☆☆　友善度：★★★☆☆
吠叫度：★☆☆☆☆　流行度：★☆☆☆☆

湖畔㹴

(*Lakeland Terrier*)

永不疲倦的猎手

血统渊源 起源于英格兰北部的坎伯兰和威斯特摩兰郡。被认为是多种㹴交配的品种,包括边境㹴、贝林顿㹴、丹迪丁蒙㹴、猎狐㹴和老英国㹴。它看起来像小型万能㹴。为工作犬,主要保护畜群,最初为防狐狸。1912 年成立第一个湖畔㹴俱乐部。1921 年得到养犬俱乐部承认。

犬种特征 体形小,身体强壮,比例匀称。躯干深而狭窄,利于其钻入石洞。腿小而长,便于在崎岖的地面行走。

性格特点 活泼、强健、勇敢、快乐,待人友善,和主人关系密切,对孩子慈爱,虽然小,但对陌生人警惕性高,是很好的伴侣犬和优秀的护卫犬。

饲育要点 适合城市饲养,多给点时间训练。每日刷毛 1 次,每年 3 次专业修整。

狗事档案

原产地:英国	起源期:18 世纪
用　途:伴侣犬、猎犬	体　重:6.7~7.7 千克
身　高:34~37 厘米	
毛　色:蓝色、黑色、红褐色、红色、土黄色	
可训度:★☆☆☆☆	友善度:★★☆☆☆
吠叫度:★★☆☆☆	流行度:★☆☆☆☆

标准型曼彻斯特㹴

(*Standard Manchester Terrier*)

血统渊源 它过去在英格兰西北部非常普遍,是由老黑褐㹴、惠比特和西高地白㹴交配的品种。它是猎兔和捕鼠高手,曾创造过在 7 分钟内杀死 100 只老鼠的记录。

犬种特征 长楔形的头部配上小而明亮的杏仁眼,使其充满着渴望、聪明而机警的表情。身体结实、强健,外形优美文雅。肌肉紧凑而发达,使其捕猎时敏捷有力。

性格特点 聪明、敏捷、强壮、勇敢,不好斗,很让人喜欢。

饲育要点 每天刷毛 1 次,常带它外出散步。

敏捷的猎鼠犬

狗事档案

原产地:英国	
起源期:16 世纪	
用　途:伴侣犬、护卫犬	
体　重:5.4~10 千克	
身　高:37~42 厘米	
毛　色:纯黑色、棕褐色	
可训度:★★★★☆	
友善度:★★★★☆	
吠叫度:★☆☆☆☆	
流行度:★☆☆☆☆	

诺福克㹴

(*Norfolk Terrier*)

原野上的小恶魔

头部：圆而宽

眼睛：小，卵圆形

耳朵：小，下垂，呈V形

颈部：中等长度，强壮

背线：水平

四肢：短，腿强健

脚部：脚圆

尾巴：截短，直立，高位

被毛：直而坚硬

血统渊源 原培育于福克福郡。最初被认为是诺里奇㹴的变种，因为区别只在于它耳朵的姿态。1964年被承认。

犬种特征 它的耳中等大小，V型，向前折靠在两颊。除了耳朵以外，其他方面都与诺里奇㹴一模一样。体形虽小，但扑向猎物的勇猛仍会让你大吃一惊，它有着“原野上的小恶魔”之称。

性格特点 活泼、敏捷、勇敢，是热情的猎人，喜欢从洞里捕食或猎害兽。对孩子温和，对主人忠诚，不好斗。

饲育要点 适合城市饲养。每天刷毛1次，一年2～3次专业性修剪。

狗事档案

原产地：英国

起源期：19世纪

用　途：伴侣犬、猎犬

体　重：5~5.5千克

身　高：23~28厘米

毛　色：红色、黄色、黑色、棕褐色、灰白色夹深色斑

可训度：★★★★☆

友善度：★★★★☆

吠叫度：★☆☆☆☆

流行度：★☆☆☆☆

诺里奇㹴

(*Norwich Terrier*)

血统渊源 19世纪下半叶，剑桥大学学生之间流行饲养会捕鼠的小型㹴，它便是由约克夏㹴、爱尔兰㹴与当地㹴犬杂交后获得的犬种，是最小的工作㹴之一。

犬种特征 矮壮的身材和敏锐的耳朵及狐样的外表是其显著特征。它体格健壮，有着一身不惧任何气候的被毛。是捕鼠能手，喜欢单独或集体行动捕捉小害兽。

性格特点 有点霸道，有点固执，但愿意和小孩相处，是理想的家庭宠物犬。

饲育要点 常带它外出散步，每周刷毛1次。

小害兽的天敌

头部：圆而宽，似狐样

眼睛：小，卵圆形

耳朵：直立

颈部：强壮

背线：水平

躯干：短而紧凑

脚部：脚圆

被毛：直而坚硬，像丝样

尾巴：剪尾，根部厚，端部尖

狗事档案

原产地：英国　　起源期：19世纪

用　途：伴侣犬　　体　重：5~5.44千克

身　高：25~26厘米

毛　色：红色、麦色、黑色、棕褐色或灰白色

可训度：★★★★☆　　友善度：★★★★☆

吠叫度：★☆☆☆☆　　流行度：★☆☆☆☆

西里汉㹴
(*Sealyham Terrier*)

深入敌穴的狐胆英雄

血统渊源 培育于19世纪威尔士西里汉村庄。1850年，爱德华上尉开始将它和各种㹴交配，花了约40年的时间培育出了这种猎狐、獾、水獭的高手。

犬种特征 属小群猎犬，活泼，精力旺盛，步态有力。身体长大于高，后肢特别有力。满面络腮胡，拥有双层被毛，可抵抗恶劣天气。长长的脖子能深入敌穴捕捉猎物，是獾和水獭的克星。

性格特点 机警、敏锐、有力、大胆、快乐，富有战斗天性，但对孩子温和友善。

饲育要点 每天带它外出散步，每天梳理被毛1次，每年做2~3次专业护理。

狗事档案

原产地：英国	起源期：19世纪
用　途：伴侣犬、猎犬	体　重：8~10.5千克
身　高：25~27厘米	毛　色：白色
可训度：★★★☆☆	友善度：★★★★☆
吠叫度：★★★☆☆	流行度：★☆☆☆☆

斯凯㹴 (*Skye Terrier*)

半遮半掩的毛发凭添优雅与神秘

血统渊源 起源于斯凯岛。被认为是长毛短脚犬的后代，非常擅长挖掘捕食，被用于猎狐狸和其他害兽。

犬种特征 是所有㹴犬中最长和最矮的，长是高的2倍，其仪态优雅、威严。它被毛长，头毛甚至遮住了脸和眼。耳朵对称，饰毛优美。它曾被用来追踪黄鼠狼、水獭和獾。

性格特点 勇敢、敏捷、热情、友善，有耐性，对主人忠诚专一，对陌生人警惕。善挖洞。

饲育要点 适应城市饲养，每天做长时间的散步，每周梳理被毛1~2次，不需专业的护理。

狗事档案

原产地：苏格兰	起源期：17世纪
用　途：伴侣犬、猎犬、护卫犬	
体　重：10~12千克	身　高：22~26厘米
毛　色：黑色、深色、浅灰色、银白色、浅黄褐色、奶油色	
可训度：★★★☆☆	友善度：★★☆☆☆
吠叫度：★☆☆☆☆	流行度：★☆☆☆☆

软毛麦色㹴

(*Soft Coated Wheaten Terrier*)

阳光般的形象深入人心

血统渊源 最古老的爱尔兰犬种之一。被认为是凯利兰㹴和爱尔兰㹴的祖先。过去用于爱尔兰农场看护家畜和猎害兽。该品种直到 1943 年才被养犬人俱乐部承认。

犬种特征 从犬名上便可知该犬种的最大特征是有着波状的麦色软毛。它被毛丰富，滑如丝绸，有光泽，松散而卷曲。它是一种中等大小、身体强壮、匀称协调的狩猎犬。

性格特点 快乐、稳重、勇敢大胆，对周围环境警惕性高，是很好的护卫犬。

饲育要点 每天带它外出锻炼，每周刷毛 2 次，每年 3～5 次专业修整。

狗事档案

原产地：爱尔兰　　起源期：19 世纪
用　途：伴侣犬、猎犬、护卫犬
体　重：13~18 千克　　身　高：44.5~47 厘米
毛　色：从浅麦色变至金红色
可训度：★★★☆☆　　友善度：★★★☆☆
吠叫度：★★★☆☆　　流行度：★☆☆☆☆

斯塔福斗牛㹴

(*Staffordshire Bull Terrier*)

顶级战将

血统渊源 该犬起源于英国，由斗牛犬和马士提夫犬杂交而成。在两次大战期间，在美国拥有一头这样的犬是很时髦的，后来则遍及英国和欧洲。

犬种特征 它头部短而深，鼻梁独特，两颊肌肉非常明显。眼圆，中等大小，暗色眼框。被毛短而光滑。耳不大，玫瑰耳或半竖立耳。身体强壮，比例恰当，步态轻松而灵活。

性格特点 活泼、敏捷、机敏、沉稳、勇敢，精力旺盛，高度顽强，意志坚定，是令人敬畏且好斗的护卫犬，若训练得当，对主人非常温和友善。

饲育要点 定期刷毛即可。

狗事档案

原产地：英国　　起源期：19 世纪
用　途：伴侣犬、护卫犬　　体　重：11~17 千克
身　高：35~40 厘米
毛　色：红色、浅褐色、白色、黑色或蓝色或其他带点白色
可训度：★★★★☆　　友善度：★★★☆☆
吠叫度：★★☆☆☆　　流行度：★☆☆☆☆

能和马一起狩猎的犬

杰克罗素㹴
(*Jack Russell Terrier*)

血统渊源 19 世纪初，一个名叫 Jack Russell 的人培育了该品种，故得此名。这种犬可以将狐狸从巢穴中驱赶出来并追踪这些狐狸，也能驱逐老鼠。

犬种特征 该犬比例匀称，体长和肩高成比例，近似于正方形。与其他㹴犬相比，它的脚很长，这种长脚可以让它与马匹一起狩猎。该犬分粗毛和硬毛两种，同样受欢迎。

性格特点 精力充沛而且无比温柔。它独立、顺从、忠诚，是优秀的守门犬。

饲育要点 需要经常运动，定时刷毛。

狗事档案

原产地：英国
起源期：19 世纪
用　途：伴侣犬、猎犬
体　重：5~8 千克
身　高：28~39 厘米
毛　色：黑白褐三色
可训度：★★★☆☆
友善度：★★★★☆
吠叫度：★★☆☆☆
流行度：★☆☆☆☆

威尔士㹴
(*Welsh Terrier*)

活泼而倔强的狗狗

血统渊源 祖先可能是现在已绝迹的老英国黑褐㹴和狐狸㹴。在威尔士被广泛使用来狩猎水獭、狐狸、獾。

犬种特征 它中等大小，躯干呈方形，强壮，身体紧凑，具有粗糙的硬毛。它躯干下部及头部为棕褐色，上层被毛为黑色，偶尔为灰色。步态轻松，推进有力。

性格特点 机警、自信、稳重、勇敢，与主人关系密切，友善，顽皮，对陌生人警觉。个性强，有支配欲。

饲育要点 每天需长时间的散步，每周刷毛 1～2 次，每年 3～4 次专业性修整。

狗事档案

原产地：英国
起源期：18 世纪
用　途：伴侣犬、猎犬
体　重：9~9.5 千克
身　高：36~39 厘米
毛　色：黑褐色
可训度：★★★★☆
友善度：★★★☆☆
吠叫度：★☆☆☆☆
流行度：★☆☆☆☆

非运动犬品种

Non-sporting Group

非运动犬品种是一个涵盖种类比较多元化的组别，通常有很多的外来犬种，无法按照常规方法分类，所以就被归为非运动犬品种。非运动犬品种来自各个不同的国家和地区，例如来自中国的松狮犬，来自法国的标准型贵宾犬以及来自前南斯拉夫的斑点狗，都被列入了非运动犬品种的范围。因此，非运动犬品种没有一个统一的特征。

Bichon Frise

Boston Terrier

English Bulldog

French Bulldog

Keeshond

Dalmatian

Finnish Spitz

American Eskimo Dog

Schipperke

Shiba Inu

比熊犬 (*Bichon Frise*)

血统渊源 比熊犬起源于长毛犬和华特斑毛犬。1300 年左右由意大利船员带到欧洲,后来被法国及西班牙的贵族所饲养,给它洒上香水,绑上丝带,得到贵族般的礼遇。

犬种特征 体形娇小,体格壮硕。全身有着蓬松的白色卷毛,毛的触感就像天鹅绒或棉花一样柔和。圆圆的大脑袋上,一双又大又圆的眼睛闪着好奇的光芒。经过修剪后,全身都是圆圆的,十分俏皮。

性格特点 聪明、活泼、温和,精力旺盛,意志坚定,是非常迷人的宠物犬。

饲育要点 适合城市饲养。每天刷毛 1 次,每月洗澡 1～2 次。眼睛和耳朵要定期检查。

狗事档案

原产地:法国	起源期:14 世纪
用　途:伴侣犬	体　重:3~6 千克
身　高:23~30 厘米	毛　色:纯白色
可训度:★★★★☆	友善度:★★★★★
吠叫度:★☆☆☆☆	流行度:★★★★☆

波士顿㹴 (*Boston Terrier*)

血统渊源 1870 年,由美国育种人士在波士顿用斗牛犬、牛头㹴、拳师犬和小型白色㹴犬交配而成。此后 20 多年,它经历了小型化的过程。它原重 20 多千克,现已大大减轻。

犬种特征 体形袖珍,独特和古怪的面孔显得可爱。它们虽然被称为㹴,但已失去了攻击性,更喜欢与人类为伴。但当其感觉到自己的领地范围受到侵害时,仍具有向其他犬种挑战的能力。

性格特点 聪明、活泼,不好斗,易管教,是犬中的绅士。

饲育要点 每月刷毛 1 次,常带它外出散步。

古怪的面孔十分搞笑

狗事档案

原产地:美国	起源期:19 世纪
用　途:伴侣犬、猎犬	体　重:5~11 千克
身　高:24~40 厘米	毛　色:黑白相间斑纹
可训度:★★★☆☆	友善度:★★★★☆
吠叫度:★★★☆☆	流行度:★★☆☆☆

英国斗牛犬
(*English Bulldog*)

很丑也很温柔

头部：厚重
眼睛：中等大小，圆形
耳朵：小而瘦，玫瑰形

颈部：短而厚
背线：在背部略微有点下弯

脚部：紧凑而结实
被毛：短而直，平贴身体

躯干：肋骨圆形，身体非常宽
尾巴：短，下垂，基部粗厚

血统渊源 祖先据说是马士提夫獒犬和牛头㹴等结合繁衍而成的。其名字反映了最初的培育目的：用于斗牛游戏。

犬种特征 巨大的头部非常独特，脸短但很宽阔，下颚往前凸出，从喉咙到胸部有两条松垮垮的皱褶。肩部极宽，身体矮壮，宽宽的躯干和粗大的四肢构成绝妙的平衡。行走贴地摇摆，步态笨重。性格改良后，现在的斗牛犬已不凶暴。

性格特点 勇敢、尊贵、专一，虽然外表吓人，但非常善良。性格稳重，是孩子们的好玩伴，与主人的亲和性强。

饲育要点 适合城市饲养。不耐热，需每天刷洗。褶皱处需特别照料。

狗事档案

原产地：英国　起源期：中世纪
用　途：伴侣犬、警犬、军犬、护卫犬
体　重：18~23 千克　身　高：30~40 厘米
毛　色：红虎纹色、纯白、纯红色、淡黄褐色或淡棕色、黑白斑
可训度：★★☆☆☆　友善度：★★★★☆
吠叫度：★★☆☆☆　流行度：★★☆☆☆

法国斗牛犬
(*French Bulldog*)

血统渊源 在 1850 年后，一些在英国作为玩赏用的斗牛犬来到法国。这些犬与巴哥犬和其他㹴犬品种交配就产生了今天这种犬。当时，这种犬深受当地贵妇喜爱。

犬种特征 体形小，大而强悍的头部和蝙蝠形的耳朵给人印象深刻。头和肩膀附近有点松弛。被毛短而软，具有光泽。属小型护卫犬，是斗牛犬中最强健敏捷的品种之一，曾在欧洲斗牛竞技中显赫一时。

性格特点 非常友善，聪明且脾气好，是很好的看门犬。

饲育要点 适合城市饲养。不耐热。眼睛和面部的褶子要定期检查。

狗事档案

原产地：法国　起源期：19 世纪
用　途：伴侣犬、看门犬　体　重：8~12.6 千克
身　高：25~35 厘米
毛　色：淡黄褐色、白色、虎纹色
可训度：★★☆☆☆　友善度：★★★★☆
吠叫度：★★☆☆☆　流行度：★★☆☆☆

欧洲斗牛竞技中战功赫赫

头部：大而方
眼睛：圆，相当大
耳朵：直，根部宽

颈部：粗，拱形
背部：短，结实
尾巴：短，低位，根粗

被毛：短而平滑，有光泽
四肢：后肢略长于前肢
脚部：圆圆的猫脚

荷兰狮毛犬

(*Keeshond*)

似戴着眼镜的狐狸

头部：有浓密的毛
眼睛：中等大小，杏仁状
耳朵：小，三角形，竖立

颈部：长度适中
背部：短而直
躯干：紧凑
尾巴：高位，卷曲于背上
被毛：外层毛长而直，粗糙；下层毛厚，柔软

血统渊源 起源地据说是北极或斯堪地那维亚半岛，在当地被当成看门犬饲养，数百年前就在荷兰人中享有人气。荷兰狮毛犬作为典型的狐狸犬类，经常用来作运河船上的警卫犬。

犬种特征 小而匀称的身体为膨松丰茂的被毛所覆盖，在有如狮子鬃毛的体毛中藏着一张狐狸般的脸。眼圈为黑色，在眼窝周围有斑纹和阴影，脸上"眼镜"的独特特征体现了出来。

性格特点 聪明机警，稳重温柔，情感丰富，既不胆怯也不好斗。

饲育要点 每周梳理被毛1～2次，常带它外出散步。

狗事档案

原产地：荷兰
起源期：16世纪
用　途：伴侣犬
体　重：25~30千克
身　高：43~46厘米
毛　色：灰白色、黑色和奶油色
可训度：★★☆☆☆
友善度：★★★☆☆
吠叫度：★☆☆☆☆
流行度：★★☆☆☆

大麦町犬

(*Dalmatian*)

血统渊源 以发源地南斯拉夫的大麦町地区命名。18世纪，它被贵族们用于护送马拉货，因此又得绰号长途马车犬。在美国，消防员将它作为吉祥物。

犬种特征 全身长满了大小如硬币的斑点，斑点愈多愈好，愈清楚愈佳，躯干上的斑点最大。比例匀称，非常协调，步态非常轻松。因迪斯尼电影《101忠狗》而声名大噪。

性格特点 坚强、友善、沉着，精力充沛，对孩子非常温和，是非常棒的宠物犬。

饲育要点 常让它散步，定期刷毛即可。

引人注目的斑点狗

头部：长，头骨平
眼睛：中等大小，圆形

颈部：长，拱起
背线：平坦而结实
躯干：胸深，腰短
尾巴：细长，微弯曲
被毛：短而密，细而贴身
四肢：有力，骨骼结实

狗事档案

原产地：地中海中部　起源期：中世纪
用　途：伴侣犬、导盲犬、看门犬
体　重：24~27千克　身　高：48~58厘米
毛　色：纯白，分布黑色、褐色斑点
可训度：★★★★☆　友善度：★★★★☆
吠叫度：★★☆☆☆　流行度：★★☆☆☆

芬兰狐狸犬

(*Finnish Spitz*)

在芬兰被尊为国犬

血统渊源 芬兰狐狸犬有可能是由亚洲游牧部落带至芬兰,与俄罗斯雷卡犬血统有关。很久以前,芬兰狐狸犬被拉普兰人用来跟踪麋鹿和鹿。现在,该犬已被用来猎捕飞禽,如松鸡等。

犬种特征 举止大胆,步态高贵。模样似狐狸的头部,显得特别可爱。耳朵小而直立。拥有双层被毛,外层被长毛,硬而直;下层绒毛,短、软而密。尾巴卷曲向上。

性格特点 活泼、勇敢,性情开朗,对主人忠诚,是理想的宠物犬。

饲育要点 多运动,每天刷拭被毛1次即可,无须专业梳理。

狗事档案

原产地:芬兰
起源期:远古
用　途:伴侣犬、护卫犬、猎犬
体　重:23~27千克
身　高:39~51厘米
毛　色:红棕色、金红色
可训度:★★★☆☆
友善度:★★★★☆
吠叫度:★★☆☆☆
流行度:★☆☆☆☆

美国爱斯基摩犬

(*American Eskimo Dog*)

马戏团中的杂技高手

血统渊源 是起源于欧洲波美拉尼亚的犬种,为波美拉尼亚丝毛犬家族中的一员,也有许多养犬爱好者将其归属为北欧品种。美国爱斯基摩犬根据体形分为:玩具型犬、小型犬、标准型犬。

犬种特征 身体健壮、步态轻盈,是可爱的伴侣犬。头部表情敏锐,聪明而机警。眼睛卵圆形;耳朵直立,呈三角形。双层被毛疏密相间,外层毛直而不卷,内层为致密的短毛。

性格特点 可爱、机警、聪明、友善,护家本领很强,对主人忠诚,学习能力也很强,很讨人喜欢。

饲育要点 每天外出散步1次,每天梳理被毛1次,每月做1次专业性修整,定期检查耳朵。

狗事档案

原产地:北欧　　起源期:19世纪
用　途:伴侣犬　　体　重:25~35千克
身　高:22.9~30.5厘米(玩具型);30.1~38.1厘米(小型);38.5~48.3厘米(标准型)
毛　色:纯白、白色掺杂棕黄色
可训度:★★★★☆　　友善度:★★★☆☆
吠叫度:★★★☆☆　　流行度:★☆☆☆☆

运河上的“小船长”

史奇派克犬(*Schipperke*)

头部：像狐狸，前额较宽
眼睛：小，椭圆形
耳朵：小，三角形，位高

身体：短而厚
被毛：浓密丰富
尾巴：无尾或剪尾

颈部：有环状毛
背线：水平
躯干：胸深而宽，宽腰

血统渊源 起源于比利时的法兰德斯省，看起来像狐狸犬，来源于 Leauvenaar 的一种小型黑色牧羊犬，在比利时是非常受人欢迎的护卫犬，专门在运河上护卫。

犬种特征 史奇派克犬外表呈方形，身体矮壮，步履轻快精神，是小型的护卫犬。头像狐狸，表现机警的表情；被毛浓密丰富；头、身体和腿前部毛较短。

性格特点 活泼、灵敏、快乐、机警，自信得意，似乎不知疲倦。忠实于主人，对小孩温和，对陌生人戒备。非常容易训练。好奇心强，警戒性高，充满自信，被称为“最佳室内犬”。

饲育要点 每天让它外出锻炼，每周梳理被毛 2～3 次。

狗事档案

原产地：比利时	起源期：16 世纪
用　途：伴侣犬、护家犬	体　重：5~8 千克
身　高：25~33 厘米	毛　色：黑色
可训度：★★★☆☆	友善度：★★★☆☆
吠叫度：★★☆☆☆	流行度：★☆☆☆☆

血统渊源 这一古老的本地犬种起源于本州岛。人们认为柴犬具有中国犬和九州犬血统。1937 年，该犬被认定为“天然纪念物”。

犬种特征 比例匀称，体格强健，步态轻盈富有弹性。非常可爱，亲和力强。双层被毛，外层毛硬而直立；下层绒毛柔软且厚而密。体形小巧，但肌肉发达，整体自然纯朴。

性格特点 精力旺盛，天性独立内敛，是一只感情丰富、有趣且可爱的宠物。勇敢，爱吠，需严格但温和的训练。

饲育要点 需经常带它作长途散步。非常爱干净，每日刷洗 1 次即可。

狗事档案

原产地：日本	起源期：远古
用　途：伴侣犬、护卫犬、猎犬	
体　重：7.7~10.5 千克	身　高：36.8~42 厘米
毛　色：奶油色、浅黄色、灰色	
可训度：★★★☆☆	友善度：★★★★☆
吠叫度：★★★☆☆	流行度：★☆☆☆☆

头部：似狼，头骨宽
眼睛：较小，呈三角形
耳朵：小，三角形，竖立

颈部：粗，结实
背线：直

日本视其为珍贵的自然产物

躯干：腹部结实，腰强壮
脚部：爪拱起且紧密

尾巴：位高，卷曲或镰刀状弯

柴犬

(*Shiba Inu*)

被毛：外层毛僵硬，直立；下层毛厚而密，柔软

牧畜犬品种

Herding Group

牧畜犬品种基本上是由工作犬派生出来的。直到现在,很多畜牧犬品种仍然能帮助人类放牧牛、羊、马等各种家畜。所以,它们都拥有非常高的智商和极为敏锐的洞察力。而且很多牧畜犬品种的放牧本领是与生俱来的,它们生来就有控制其他动物的欲望,一些优秀的牧畜犬能通过眼神控制畜群,引导畜群运动。为了能在广阔的牧场上将离群的家畜追回,畜牧犬通常都具有强健的体魄,头脑灵活,健步如飞。

German Shepherd Dog

Border Collie

Collie

Shetland Sheepdog

Old English Sheepdog

Australian Cattle Dog

Australian Shepherd

Bearded Collie

Belgian Malinois

Belgian Sheepdog

Belgian Tervuren

Briard

Puli

Canaan Dog

Pembroke Welsh Corgi

Cardigan Welsh Corgi

德国牧羊犬

(German Shepherd Dog)

全能战士

血统渊源 育种人士以德国图灵根、巴登地方的牧羊犬为基础,繁育出了这种狗,最初是为了在军队中传令、搬运、看守。一战时,一跃成名,遂迅速散布世界各地。

犬种特征 体格匀称、沉着温和、勇敢无畏且有战斗的天性。中长的双重被毛,上毛直硬,下毛密软。身体色深,成缓和曲线。肌肉发达,充满活力。

性格特点 敏锐、活泼、顺从、忠诚可靠且嗅觉灵敏,具有服从欲望,非常易于训练。

饲育要点 生性活跃,需要一定的空间和运动,每天散步 1 次,每周刷洗 2 次。

狗事档案

原产地:德国 起源期:18 世纪
用　途:伴侣犬、牧羊犬、跟踪犬、军犬、警犬、救助犬、导盲犬
体　重:30~40 千克 身　高:56~66 厘米
毛　色:黑色夹红棕色、棕色、褐色或浅灰斑纹、黑色与深灰
可训度:★★★★★ 友善度:★★★☆☆
吠叫度:★★★☆☆ 流行度:★★★★★

边境牧羊犬(Border Collie)

血统渊源 人们认为它的祖先是看护驯鹿兽群的北欧品种,然后被带到英国,与当地牧羊犬交配而成。该犬以其发源地英格兰与苏格兰之间的界山博德山命名。

犬种特征 体格均衡,活泼漂亮,被毛丰厚。面、颈、胸、尾端、脚趾有白斑。嗅觉灵敏,其最著名的是它的“眼神”,很具有杀伤力,它能利用该技能命令羊群走或转弯,是牧羊犬中最称职的品种。

性格特点 聪明、敏锐、热情,工作努力但又天性温和,对主人极度忠心耐心。

饲育要点 该犬精力旺盛,永不知倦,需每日运动。每天刷理被毛 1 次,定期检查眼睛及耳朵。

狗事档案

原产地:英国 起源期:17 世纪
用　途:伴侣犬、牧羊犬 体　重:15~20 千克
身　高:45~56 厘米
毛　色:杂色,带白领圈、白斑和袜斑
可训度:★★★★★ 友善度:★★★☆☆
吠叫度:★★★☆☆ 流行度:★★★★☆

智慧之王

柯利犬（*Collie*）

苏格兰高地的风中舞者

血统渊源 柯利犬又称为苏格兰牧羊犬。过去的几百年间，在苏格兰高地看守、放牧家畜。因得到了维多利亚女王的喜爱，上流社会即将其当作玩赏犬。

犬种特征 分粗毛型和短毛型两种。粗毛柯利犬身体强壮，敏感而活跃，姿态尊贵。全身由触感极佳的长毛覆盖，非常漂亮，体形均衡。短毛柯利犬被毛平而粗糙，下毛浓密。

性格特点 机智、活泼、温和，是很好的伴侣犬。对陌生人很警惕，但不好斗。

饲育要点 在院子和外边跑步显得非常快乐。每周刷毛 2 次即可。

狗事档案

原产地：英国　起源期：18 世纪
用　途：伴侣犬、牧羊犬、护卫犬
体　重：23~34 千克　身　高：56~66 厘米
毛　色：貂色和白色、三色、蓝灰色带黑斑和白色
可训度：★★★★★　友善度：★★★★☆
吠叫度：★★☆☆☆　流行度：★★★★☆

喜乐蒂牧羊犬（*Shetland Sheepdog*）

血统渊源 它原产于英国北端的谢德兰群岛，在此地将粗毛柯利与本地犬只交配，使其小型化。而当地艰苦的环境也促进了它达到培育的目标。

犬种特征 它和粗毛柯利十分相似，但它的体形较小，似柯利犬的缩小型。它身体匀称，动作灵活。行动敏捷，跑起来优雅而滑顺，能轻松跃过障碍物。至今仍保留着放牧及守卫的能力。

性格特点 该犬灵敏警觉，活泼温和，重感情，易于训练。对陌生人保持警戒但不害怕。叫声尖。

饲育要点 每周刷毛 2 次，季节交换时加次。每月洗澡 1 次即可，每日带它外出散步。

狗事档案

原产地：英国　起源期：17 世纪
用　途：伴侣犬、牧羊犬　体　重：5~10 千克
身　高：33~40 厘米
毛　色：黑色、蓝灰色、褐色中夹白色与灰色
可训度：★★★★★　友善度：★★★☆☆
吠叫度：★★☆☆☆　流行度：★★★☆☆

犬中女王

英国古代牧羊犬

(*Old English Sheepdog*)

搞笑的玩具熊

血统渊源 在古代英国西部农村为了赶家畜到牧场，农夫们饲养出这种机敏的牧牛、牧羊犬种。此犬的祖先包含了长须牧羊犬及各种欧洲牧羊犬之血统。是英国最古老的牧羊犬种之一。

犬种特征 毛浓密程度居所有狗类之冠，外表看起来像玩具熊。全身覆盖着长厚的被毛，头顶到鼻尖的毛，几欲盖住眼睛。体格均衡，力量强大。有断尾的传统，吠声大而独特，但不吵闹。

性格特点 敏捷、稳健，聪明有主见，精力充沛，玩性十足。既不畏缩亦无攻击性。重感情，安静随和。

饲育要点 每天和主人一起散步，每天刷洗 1 次，确保其蓬松长毛不打结。

狗事档案

原产地：英国　起源期：18 世纪
用　途：伴侣犬、牧羊犬　体　重：25~30 千克
身　高：53~56 厘米
毛　色：带或不带白色纹理的灰白、灰、蓝、蓝黑色
可训度：★★★★☆　友善度：★★★★☆
吠叫度：★★☆☆☆　流行度：★★★☆☆

澳大利亚牧牛犬

(*Australian Cattle Dog*)

血统渊源 19 世纪，澳大利亚农场主希望拥有一种能面对艰巨赶牛工作且精力充沛的犬只，他们便利用红色短尾犬、大麦町犬、蓝色柯利犬及澳洲犬交配，培育出了澳洲牧牛犬的先祖。

犬种特征 运输能力很强。力量、耐力都很好。拥有能抗气候的双层被毛，是天生的牧牛犬和护牛犬。吠叫声像猫头鹰，是澳大利亚农场主不可缺少的助手，可在炎热的气候下管理大片的农场。

性格特点 勇敢、机警、吃苦耐劳，非常依恋主人和家庭。对陌生人疑心，是优秀的护家犬。

饲育要点 每天需要相当多的锻炼时间，刷毛 1 周 1 次即可。

农场主的好帮手

狗事档案

原产地：澳大利亚　起源期：18 世纪
用　途：伴侣犬、护卫犬、牧畜犬
体　重：15~20 千克　身　高：43~56 厘米
毛　色：蓝色、红色斑纹
可训度：★★★★★　友善度：★★★☆☆
吠叫度：★★☆☆☆　流行度：★☆☆☆☆

澳大利亚牧羊犬(Australian Shepherd)

头部：轮廓分明，结实
眼睛：杏仁状
耳朵：三角形，略下垂
颈部：强壮，略拱
背部：强而有力
躯干：胸深，肋有弹性
尾巴：直，断尾或短尾
脚部：骨骼强健，脚椭圆形　被毛：直且呈波浪形

视野开阔的牧羊者

血统渊源　该犬于20世纪在加利福尼亚用澳洲牧羊犬培育形成，带有牧羊犬和野丁哥犬的血统。加利福尼亚的农民和农场主将此犬当作工作犬。

犬种特征　体形匀称，长稍大于高。体格强健，身材中等。灵活敏捷，步态悠闲。名字中虽有澳大利亚，却是地道的美国犬，这种聪明的犬在看管大型家畜时可日行60千米。

性格特点　活泼、勇敢、机智，感情丰富，性格温和，对主人非常忠心。

饲育要点　需开阔的空间运动。定期刷洗被毛，可保持被毛光泽。

狗事档案

原产地：美国　起源期：19世纪
用　途：伴侣犬、牧羊犬、护卫犬
体　重：20~25千克　身　高：45~58厘米
毛　色：蓝斑、黑红斑、红色、混杂色
可训度：★★★★☆　友善度：★★★★☆
吠叫度：★★☆☆☆　流行度：★☆☆☆☆

长须柯利牧羊犬(Bearded Collie)

血统渊源　该犬是英国的古老品种，是欧洲的马扎尔可蒙犬的后代。维多利亚王朝时，它作为工作犬和展示犬。到1969年，美国成立了长须柯利牧羊犬俱乐部。

犬种特征　体格结实，步态自由，灵活。鼻大而呈方形；眼大而富有表情，眼光温和而亲切。具有双层被毛，长而粗糙，强壮而蓬松；两颊和下巴的毛较长，形成很有特色的胡须。

性格特点　活泼、机智、坚强、和善。喜欢吠叫，但不是好的护卫犬。

饲育要点　多带它外出锻炼。每周刷毛1次，可保证它的毛不缠结；不喜欢一个人待着，有时间多陪伴它。

狗事档案

原产地：英国
起源期：15世纪
用　途：伴侣犬
体　重：20~30千克
身　高：51~56厘米
毛　色：蓝色、棕色、黄褐色、黑色等带或不带白斑
可训度：★★★★☆
友善度：★★★★☆
吠叫度：★★★☆☆
流行度：★☆☆☆☆

头部：宽而平
眼睛：大，眼距宽
耳朵：中等大小，下垂
颈部：结实，略拱
背线：直
四肢：结实，椭圆形脚
尾巴：较长，下垂
被毛：内层柔软，浓密；外层平整、粗糙

擅长恶劣环境中放牧

比利时马里努阿犬

(*Belgian Malinois*)

多功能工作犬

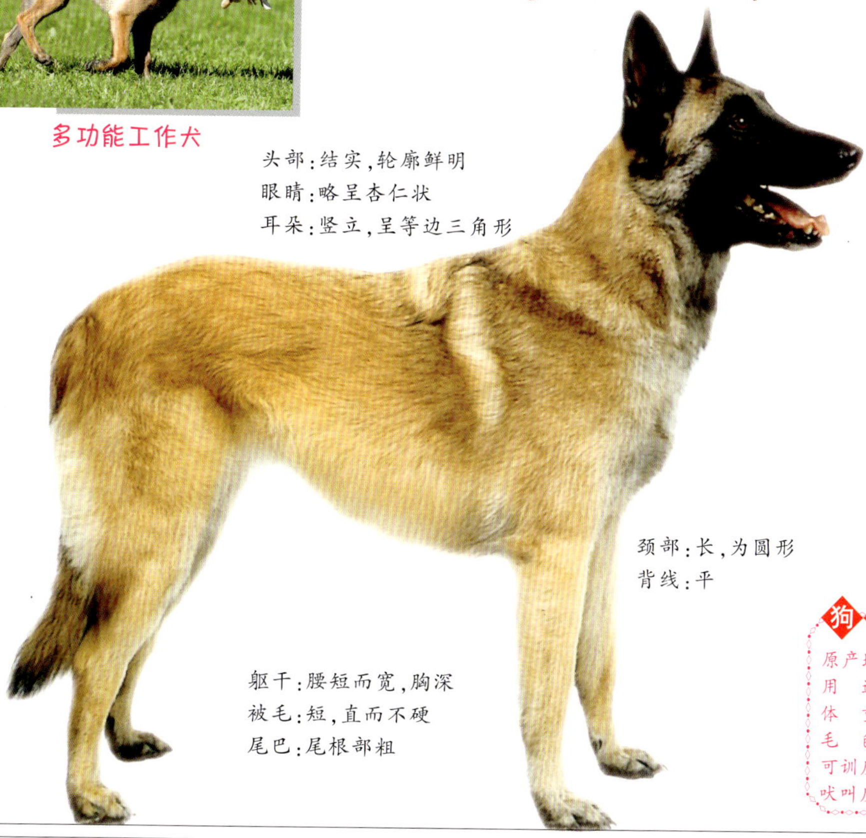

血统渊源 该犬是比利时公认的四种牧羊犬之一,它原来在比利时马里努阿地区繁殖,遂以地名命名。

犬种特征 身体和四肢相当平衡,形态优美;头颈部举止庄严大方。被毛短,整理非常简单。颈部周围的被毛呈彩色;头部、耳朵、四肢下方周边的毛特别短;颈部周围、尾部、大腿部后方的毛则比较长。

性格特点 聪明、敏捷、坚强、自信,与主人感情深厚,对其他犬没有攻击性;工作欲望强烈,能迅速应答主人的指令。

饲育要点 让它外出参加锻炼,每周刷毛 1~2 次。

狗事档案

原产地:比利时	起源期:中世纪
用　途:伴侣犬、畜牧犬、看守犬	
体　重:27~28.5 千克	身　高:56~66 厘米
毛　色:淡黄褐色、红褐色	
可训度:★★★★☆	友善度:★★★★☆
吠叫度:★★☆☆☆	流行度:★☆☆☆☆

比利时牧羊犬(*Belgian Sheepdog*)

血统渊源 人们认为比利时牧羊犬的四大分类起源于中欧牧羊犬或为本地獒犬与 13 世纪从英国引进的猎鹿犬交配而成。

已在众多领域显示价值

犬种特征 身体强壮但不笨重,结构方形,形态优雅,头部姿态高傲。三角形的耳朵,直立坚挺;背部宽而直,强健有力。具有双重被毛,能忍受多种气候的肆虐。

性格特点 机智、勇敢、敏锐、警戒,对主人忠心耿耿。

饲育要点 定期让它参加运动。每周刷洗 1 次。该犬非常敏感,不可粗暴对待。培训须严格温和,要有耐心。

狗事档案

原产地:比利时	起源期:19 世纪
用　途:伴侣犬、牧羊犬、护卫犬、警犬	
体　重:28~35 千克	身　高:56~66 厘米
毛　色:黑色、黑白色	
可训度:★★★★☆	友善度:★★★☆☆
吠叫度:★★☆☆☆	流行度:★☆☆☆☆

比利时特弗伦犬(*Belgian Tervuren*)

有着超强的适应能力

血统渊源 来源不明。有人认为，中世纪西欧某个活跃的犬种即为其祖先。它美丽的姿态、优秀的能力及情感丰富的性格，十分受人喜爱，成为极受欢迎的家庭犬。

犬种特征 体形为方形，肌肉丰富。毛直而膨松，毛色从深黄褐色到红褐色为止，上方覆盖黑毛。非常勇敢，有作业能力，是比利时四种牧羊犬当中最出名的一种。

性格特点 警觉、机智、自信，对主人友好，非常忠诚。该犬向往自由，不应过多参加展示会。

饲育要点 每周刷毛 1 次即可。该犬好动，多让它外出参加锻炼。

狗事档案

原产地：比利时　　起源期：18 世纪前
用　途：伴侣犬、畜牧犬
体　重：27~28.5 千克　　身　高：56~66 厘米
毛　色：褐色至红褐色(带黑色毛尖)
可训度：★★★★☆　　友善度：★★★★☆
吠叫度：★★☆☆☆　　流行度：★☆☆☆☆

伯瑞犬(*Briard*)

血统渊源 该犬是法国非常古老的工作犬种，在 8 世纪的挂毯里曾描绘过。其名字是根据其活动地伯瑞省得来的。

犬种特征 骨骼健壮，肌肉丰满。水平的眼睛大且镇静，胡须明显突出，位置高且短的耳朵覆盖着浓密的长毛，被毛呈波纹形，质地硬而干燥。它是强健的运动好手，精力非常旺盛。

性格特点 机智、敏捷、勇敢、灵活、温驯，常重感情，忠诚且有趣。对主人忠心耿耿，对孩子友好玩耍。

饲育要点 需要空间和运动。户外犬每周梳刷被毛 2~3 次，室内犬每周梳刷 1 次即可。

热衷完成主人委派的任务

狗事档案

原产地：法国　　起源期：远古
用　途：伴侣犬、牧羊犬　　体　重：30~35 千克
身　高：60~69 厘米
毛　色：黑色、各种灰色、各种褐色
可训度：★★★★☆　　友善度：★★★☆☆
吠叫度：★☆☆☆☆　　流行度：★☆☆☆☆

波利犬(*Puli*)

一个移动的拖把

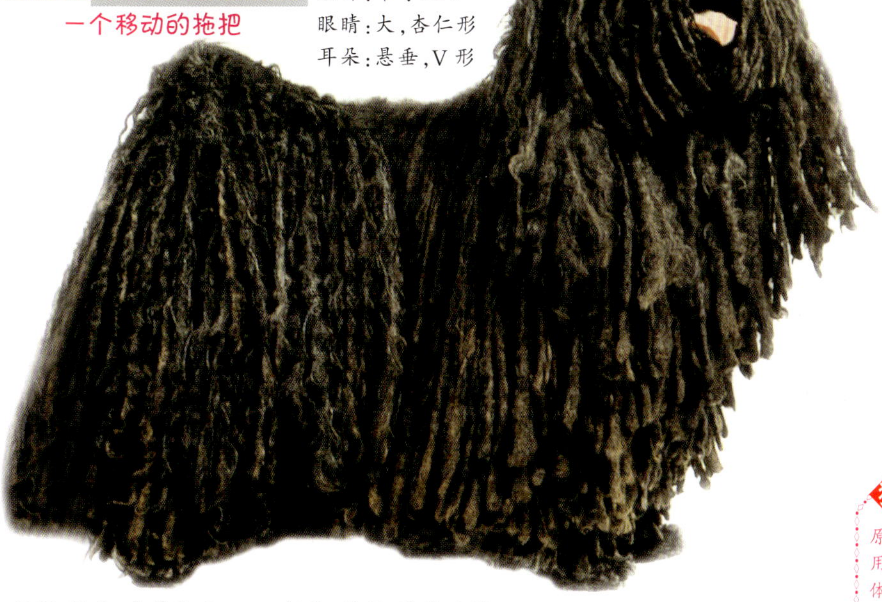

头部：中等大小
眼睛：大，杏仁形
耳朵：悬垂，V形

颈部：强壮，中等长度　　躯干：腰短，胸宽而深
四肢：后肢有弯曲的骨节，后腿瘦　　尾巴：中等长度，尾卷过臀部
被毛：浓密，有光泽；外层毛呈波状或卷曲，下层绒毛柔软

血统渊源　波利犬非常像西藏㹴。其祖先被认为是波斯牧羊犬或古代亚洲牧羊犬。波利犬是11世纪游牧的马尔扎尔人入侵时带入匈牙利的，它一直被用作牧畜犬。

犬种特征　身材轮廓线为方形，像小马。双重被毛，外被毛为拖把绳状。只有这种被毛才能忍受夏热冬冷的天气，并抵抗野兽的利牙。注意力强，看守牲畜尽心尽力。

性格特点　聪明、机敏、欢快、友善，对陌生人有疑心，保持警惕，随时准备用嘶哑的吠声报警。

饲育要点　成束的被毛不需刷毛或梳毛。8～12个月开始长毛，一旦开始长毛，就要定期修整被毛。用手指从皮肤处的卷毛开始一直梳到毛的尖端。

狗事档案

原产地：匈牙利		起源期：中古	
用　途：伴侣犬、猎犬、牧畜犬			
体　重：10~15千克		身　高：37~44厘米	
毛　色：红棕黑色、黑色、灰色、白色			
可训度：★★☆☆☆		友善度：★★★☆☆	
吠叫度：★★☆☆☆		流行度：★☆☆☆☆	

迦南犬(*Canaan Dog*)

血统渊源　这一非常古老的犬种起源于迦南岛，是来自非洲北部和中东地区的各种野犬的杂交品种。该犬在军队中被作为通讯犬和求援犬。1997年才被美国养狗俱乐部认定。

犬种特征　体形中等，比例匀称，步态强壮有力，小步快跑。双层被毛，外层毛直硬，刚糙，带颈环；下层绒毛厚实，短而软，随季节变化而变化。

性格特点　机警、活泼、温顺，耐力强，忠于主人，对幼儿非常温和。对其他犬有攻击性。

饲育要点　该犬需运动和奔跑空间，多让它外出锻炼。每周刷毛1次即可。

曾是出色的探雷犬

头部：长，楔形
眼睛：深色，杏仁状
耳朵：直立，耳位低

颈部：拱曲适度
背线：平
躯干：腰略拱，肋平
尾巴：中等长度，卷在背上
被毛：外层毛直硬，下层毛软
四肢：腿相当长

狗事档案

原产地：以色列	起源期：远古
用　途：伴侣犬、牧羊犬、护卫犬、役用犬	
体　重：16~20.5千克	身　高：48~61厘米
毛　色：从黑色到棕色、沙土色到红色或红褐色、白色	
可训度：★★★★☆	友善度：★★★☆☆
吠叫度：★★★☆☆	流行度：★☆☆☆☆

彭布罗克威尔士柯基犬

(*Pembroke Welsh Corgi*)

神秘的矮脚犬

血统渊源 比卡地甘威尔士柯基犬历史短，但也千余年，该犬 12 世纪时得到英王亨利二世的喜爱，被视为王室之犬。名字是因为在彭布罗克地区饲养得来的。

犬种特征 在体形方面，它比卡地甘威尔士柯基犬骨骼细，背短一些。断尾是其遗传特征，毛中长，好动，与卡地甘相比，性格不太稳定，容易兴奋。它深受英皇室喜爱，人气指数极高。

性格特点 勇敢、聪明，充满智慧与好奇，表情可爱。既不胆怯也不凶恶。

饲育要点 每天带它外出散步，每天刷毛 1 次即可。

狗事档案

原产地：英国　　起源期：9 世纪
用　途：伴侣犬、畜牧犬
体　重：11~13 千克　　身　高：25.4~30.5 厘米
毛　色：红色、貂色、浅黄褐色、黑色
可训度：★★★★☆　　友善度：★★★★☆
吠叫度：★★★☆☆　　流行度：★★☆☆☆

卡地甘威尔士柯基犬

(*Cardigan Welsh Corgi*)

威尔士神话中的奇幻犬

血统渊源 是古老的犬种，据称 3000 年前已随日耳曼民族一起抵达威尔士。10 世纪，即见于威尔士法律条文家畜类中。1933 年成为英王乔治六世的爱犬，由此人气急升。

犬种特征 身躯较长，胸深，骨重心较低。尾下垂，如狐狸般的深色尾巴。矮而壮硕，骨骼粗大有力，脚朝外开。奔跑速度快，不知疲倦，具有跳跃力。

性格特点 聪明、冷静、友爱，既不胆怯也不凶残，对主人忠心。

饲育要点 每天带它外出锻炼，每日刷毛 1 次。

狗事档案

原产地：英国　　起源期：古代
用　途：伴侣犬、畜牧犬　　体　重：11~17 千克
身　高：27~32 厘米
毛　色：貂色与斑纹色、茶色或带黑色、蓝灰色斑纹
可训度：★★★★☆　　友善度：★★★★☆
吠叫度：★★★☆☆　　流行度：★★☆☆☆